JIANZHU
GONGCHENG
JILIANG YU
JIJIA

建筑工程
计量与计价

阎俊爱　荆树伟　张素姣　主编

化学工业出版社
·北京·

内容提要

本书共分十章，围绕建筑安装工程造价的两种计价模式，重点讲述了建筑工程计量与计价的基本概念和基本原理、建筑安装工程造价的两种费用构成、预算定额的组成及应用、招标工程量清单的编制及工程量清单计价的基本原理、建筑面积的计算规则、主要分部分项工程和单价措施项目的清单工程量计算规则及其清单计价。

本书既可以作为高等院校工程造价、工程管理、房地产开发与管理、审计学、公共事业管理、资产评估等专业的教材，同时也可以作为建设单位、施工单位、设计及监理单位工程造价人员的参考资料。

图书在版编目（CIP）数据

建筑工程计量与计价/阎俊爱，荆树伟，张素姣主编．—2版．—北京：化学工业出版社，2020.7（2022.10重印）
ISBN 978-7-122-36822-5

Ⅰ．①建…　Ⅱ．①阎…　②荆…　③张…　Ⅲ．①建筑工程-计量-教材②建筑造价-教材　Ⅳ．①TU723.32

中国版本图书馆 CIP 数据核字（2020）第 080075 号

责任编辑：吕佳丽　　　　　　　　　　装帧设计：王晓宇
责任校对：刘　颖

出版发行：化学工业出版社（北京市东城区青年湖南街 13 号　邮政编码 100011）
印　　刷：三河市航远印刷有限公司
装　　订：三河市宇新装订厂
787mm×1092mm　1/16　印张 12¼　字数 292 千字　2022 年 10 月北京第 2 版第 3 次印刷

购书咨询：010-64518888　　　　　　　　售后服务：010-64518899
网　　址：http://www.cip.com.cn
凡购买本书，如有缺损质量问题，本社销售中心负责调换。

定　　价：39.00 元

本书编写人员名单

主　编　阎俊爱　荆树伟　张素姣

副主编　王建秀　张静晓　郭丽霞　杨亚岐

参　编　王佳宁　杨艳茹　李天骄　姚　辉　沈会兰　温　浩

前言

2018年6月21日,教育部指出中国教育"玩命的中学、快乐的大学"的现象应该扭转。对中小学生要有效"减负",对大学生要合理"增负",提升大学生的学业挑战度,合理增加大学本科课程难度、拓展课程深度、扩大课程的可选择性,激发学生的学习动力和专业志趣,真正把"水课"变成有深度、有难度、有挑战度的"金课"。

一、本书修订的背景

(1)2018年教育部高等学校教学指导委员会最新出台的《普通高等学校本科专业类教学质量国家标准》统一了工程造价专业各门核心课程名称,并将工程计量与计价、工程造价管理和计算机辅助工程造价作为工程造价专业的核心课程。

(2)营业税改征增值税试点实施办法(财税〔2016〕36号)、住建部办公厅关于做好建筑业营改增建设工程计价依据调整准备工作的通知(建办标〔2016〕4号)、住建部办公厅关于调整建设工程计价依据增值税税率的通知(建办标〔2018〕20号)、住建部关于重新调整建设工程计价依据增值税税率的通知(建办标〔2019〕193号)等一系列营改增文件出台。

(3)2019年7月在烟台,全国高校师资培训会征求的各高校相关老师的意见和相关企业调研显示,现有工程造价相关教材很难满足高校工程造价专业的教学要求,他们对教材提出了更高的要求。

(4)《建筑工程概预算》的有些内容已经陈旧过时。

本教材基于上述背景,对2014年出版的《建筑工程概预算》进行修订和补充,合理增加课程难度,拓展课程深度,并注重培养学生的实践操作能力。

二、本书修订的内容

(1)将2014年出版的《建筑工程概预算》书名更改为《建筑工程计量与计价》,与2018年《普通高等学校本科专业类教学质量国家标准》里的名称保持一致。

(2)对第一版《建筑工程概预算》的内容进行了较大的调整,并对国标规定的工程计量与计价和工程造价管理两门课程有重复的内容进行了界定和划分,把原教材中属于工程造价管理和工程定额编制原理中的内容进行调整,把属于计量与计价的内容进一步细化和深化,增加其难度。

(3)由于该课程的政策性非常强,因此本教材替换了原有旧的建筑面积计算规则,补充了营改增的相关内容。

(4)为提高学生的实践能力与创新能力,增加课程的难度和学生学习的积极性和主动性，每章开篇采用问题导入、学习要求、阅读相关文献，让学生提前预习功课。

（5）在正文编写过程中，对于重点和难点都配有线上资源，而且配有二维码，学生通过扫码就可以观看。对于难以理解的与计量有关的施工过程和相关计算规则，在相应的位置提供二维码，学生通过扫码就可以看到相关的三维动态视频，帮助学生理解与建筑工程计量相关的施工过程以及构件之间的搭接关系。本书对于重点难点还有温馨提示，每章结束都有知识回顾、总结、作业及与案例项目相关的实训作业。

（6）针对高校专业课课时有限的实际情况，我们重新设计了一套适合本科教学、难易程度适中的完整案例工程，可以有效解决学生学习过程中边学边练的需求，便于将碎片化的知识整合解决实际建筑工程计量与计价的实际问题。

三、**本书的特色**

（1）本书是立体化教材，课后配有作业以及案例工程的实训作业。读者可单独购买其他分册教材。

（2）注重加强教材的实用性，以培养学生的实践动手能力为出发点，操作性及应用性较强，简明实用。

（3）本教材的工程量计算仍以全国统一的《房屋建筑与装饰工程工程量计算规范》（GB 50854—2013）中的清单工程量计算规则为主，同时把不同地区的定额规则加以归类，通用性较强。

（4）突出了以问题为导向的思想，使学生由原来的被动学习变为通过对问题的思考进行主动学习，让课堂教学由以教师为主转变为以学生为主，培养学生勤于思考问题的能力。

（5）增加了一套难易适中的与理论课后作业配套的手工算量实训教程《建筑工程计量与计价实训教程》，而且该手工作业只有答案没有计算过程，让学生自己动手做，更注重培养学生的实际动手能力。

（6）本书受教育部 2019 年第一批产学合作协同育人项目：基于虚拟仿真技术工程计量与计价金课建设研究项目资助。

本书共分十章，第一～五章由阎俊爱编写，第六～八章由荆树伟编写，第九、十章由张素姣编写，其中本书中所有图和案例题由杨艳茹、王佳宁、李天骄、王建秀、郭丽霞完成。全书由阎俊爱负责统稿。在编写过程中，张泽平、周晓奉、张向荣、杨亚岐、张静晓提出了许多宝贵意见和建议，在此表示衷心的感谢。同时，向给本书提供二维码资源的北京睿格致科技有限公司表示衷心的感谢！读者如需访问更多课程资源及仿真实训资源，可以登录建设工程立体知识云库。本书的编写还参考了大量同类专著和教材，书中直接或间接引用了参考文献所列书目中的部分内容，在此一并表示感谢。

由于编者水平有限，书中难免有不当之处，请读者批评指正。

编者

2020 年 6 月

目 录

第一章 概 述

 问题导入

何为建设项目？建设项目如何分解？建设阶段如何划分？工程造价的构成包括哪些内容？工程计价有何特点？计价有哪两种模式？这些问题是确定工程造价的前提，也是本章要讲的主要内容。

本章内容框架

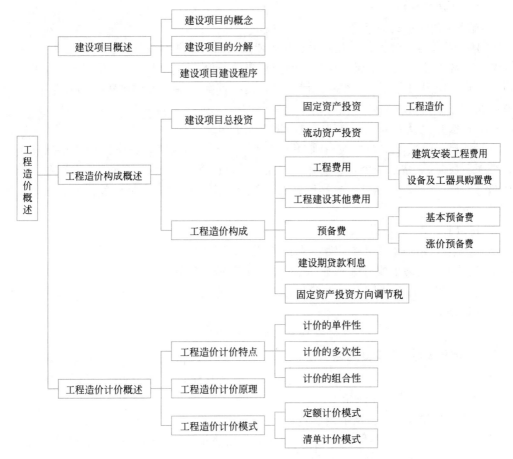

学习目标

(1) 掌握建设项目的基本概念及其分解；

(2) 熟悉建设项目建设程序及其与造价之间的对应关系；

(3) 掌握工程造价的基本概念及其构成；

(4) 熟悉工程造价的计价特点及计价模式。

第一节　建设项目概述

一、建设项目及其分解

(一) 建设项目相关概念

(1) 什么是项目？具有什么特点？试举例说明。

项目是在一定的约束条件下（主要是限定资源、限定时间），具有特定目标的一次性任务。其特点主要包括以下几个方面：

① 项目具有特定目标；

② 有明确的开始和结束日期；

③ 有一定的资源约束条件；

④ 是一系列相互独立、相互联系、相互依赖的活动组成的一次性任务。

只要符合上述特点的都属于项目，例如：建设一项工程、开发一个住宅小区、开发一套软件、完成某项科研课题、组织一次活动等，这些都受一些条件的约束，都有相关的要求，都是一次性任务，所以都属于项目。

(2) 什么是建设项目？具有何特点？试举例说明。

建设项目是一项固定资产投资项目，它是将一定量的投资，在一定的约束条件下（时间、资源、质量），按照一个科学的程序，经过投资决策（主要是可行性研究）和实施（勘查、设计、施工、竣工验收），最终形成固定资产特定目标的一次性建设任务。其特点包括以下几个方面：

① 技术上，由一个总体设计；

② 构成上，由一个或几个相互关联的单项工程所组成；

③ 建设中，行政上实行统一管理、经济上实行统一核算、管理上具有独立的组织形式。

只要满足以上特点就属于建设项目，如一所学校、一个住宅小区、一个工厂、一个企业、一条铁路等。

温馨提示：建设项目造价是通过编制建设项目的总概预算来确定的。

(二) 建设项目的建设内容

建设项目是通过勘察、设计和施工等活动，以及其他有关部门的经济活动来实现的。具体包括的建设内容如图 1-1 所示。

(1) 什么是建筑工程？试举例说明。

建筑工程是指通过对各类房屋建筑及其附属设施的建造和其配套的线路、管道、设备的安装活动所形成的工程实体。主要包括以下几类：

① 永久性和临时性的各种建筑物和构筑物。如住宅、办公楼、厂房、医院、学校、矿井、水塔、栈桥等新建、扩建、改建或复建工程。

② 各种民用管道和线路的敷设工程。如与房屋建筑及其附属设施相配套的电气、给排水、暖通、通信、智能化、电梯等线路、管道、设备的安装活动。

③ 设备基础。

④ 炉窑砌筑。

⑤ 金属结构件工程。

⑥ 农田水利工程等。

（2）什么是设备及工器具购置？

设备及工器具购置是指按设计文件规定，对用于生产或服务于生产的达到固定资产标准的设备、工器具的加工、订购和采购。

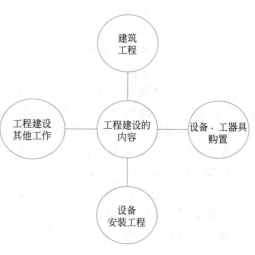

图 1-1 建设项目的建设内容

（3）什么是设备安装工程？

设备安装工程是指永久性和临时性生产、动力、起重、运输、传动等设备的装备、安装工程，以及附属于被安装设备的管线敷设、绝缘、保温、刷油等工程。

（4）什么是工程建设其他工作？

工程建设其他工作是指上述三项工作之外与建设项目有关的各项工作。其内容因建设项目性质的不同而有所差异。如新建工程主要包括征地、拆迁安置、七通一平、勘察、设计、设计招标、施工招标、竣工验收和试车等。

（三）建设项目的分解

一个建设项目是一个完整配套的综合性产品，从上到下可分解为多个项目分项，如图 1-2 所示。

图 1-2 建设项目的分解结构图

（1）什么是单项工程？具有什么特点？举例说明。

单项工程是指在一个建设项目中，具有独立的设计文件，竣工后可以独立发挥生产能力或效益的一组配套齐全的工程项目。单项工程是建设项目的组成部分，一个建设项目可以分解为一个单项工程，也可以分解为多个单项工程。

对于生产性建设项目的单项工程，一般是指具有独立生产能力的建筑物，如一个工厂中的某生产车间；对于非生产性建设项目的单项工程，一般是指具有独立使用功能的建筑物。如一所学校的办公楼、教学楼、宿舍、图书馆、食堂等。

温馨提示：单项工程造价是通过编制单项工程综合概预算来确定的。

（2）什么是单位工程？具有什么特点？举例说明。

单位工程是指在一个单项工程中可以独立设计，也可以独立组织施工，但是竣工后一般不能独立发挥生产能力或效益的工程。单位工程是单项工程的组成部分，一个单项工程可以分解为若干个单位工程。如办公楼这个单项工程可以分解为土建、装饰、电气照明、室内给排水等单位工程。

温馨提示：单位工程造价是通过编制单位工程概预算来确定的。

单位工程是进行工程成本核算的对象。

（3）什么是分部工程？具有什么特点？举例说明。

分部工程是指在一个单位工程中按照建筑物的结构部位或主要工种工程划分的工程分项。分部工程是单位工程的组成部分，一个单位工程可以分解为若干个分部工程。如办公楼单项工程中的土建单位工程可以分解为土石方工程、地基与基础工程、砌体工程、钢筋混凝土工程、楼地面工程、屋面工程、门窗工程等分部工程。

（4）什么是分项工程？具有什么特点？举例说明。

分项工程是指在分部工程中按照选用的施工方法、所使用的材料、结构构件规格等不同因素划分的施工分项。分项工程是分部工程的组成部分，一个分部工程可以分解为若干个分项工程。分项工程具有以下几个特点：

① 能用最简单的施工过程去完成；

② 能用一定的计量单位计算；

③ 能计算出某一计量单位的分项工程所需耗用的人工、材料和机械台班的数量。

如土建单位工程中的钢筋混凝土基础工程可以分解为现浇混凝土条形基础、现浇混凝土独立基础和现浇混凝土筏板基础等分项工程。下面以某大学为例，来说明建设项目的分解，如图1-3所示。

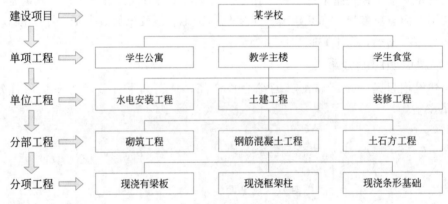

图 1-3　建设项目分解结构图

二、建设项目的建设程序

建设程序是指建设项目从设想、可研、评估、决策、设计、准备、施工到竣工验收、投产、生产等整个建设过程中，各项工作必须遵循的先后次序，一般来说这些顺序不能随意颠倒。

目前，我国建设项目的基本建设程序划分为五个建设阶段，如图1-4所示。

图 1-4　建设项目建设程序图

（一）前期决策阶段

前期决策阶段的任务主要包括：编制项目建议书和可行性研究报告两项内容。

（1）编制项目建议书。项目建议书是向政府要求建设某一具体项目的建议文件，是投资决策前对拟建项目的轮廓设想。其主要作用是为了推荐建设项目，以便在一个确定的地区内，以自然资源和市场预测为基础，选择建设项目。

温馨提示：项目建议书被批准了，不等于项目被批准，只是可以进行下面的可行性研究，不是项目的最终决策。

（2）可行性研究。项目建议书一经批准，即可着手对项目进行详细的技术经济分析和论证，可行性研究又可以分为两个阶段，即初步可行性研究和详细可行性研究。

① 初步可行性研究（筛选方案）。也称预可行性研究，是在项目建议书的基础上，对项目方案进行的进一步技术经济论证，为项目是否可行进行初步判断。研究的主要目的是判断项目是否值得投入更多的人力和资金进行进一步深入研究，判断项目的设想是否有生命力，并做出是否进行投资的初步决定。

② 详细可行性研究。通过对项目的主要内容和配套条件，如市场需求、资源供应、建设规模、工艺路线、设备选型、环境影响、投资估算、资金筹措、盈利能力等，从技术、经济、工程等方面进行调查研究和分析比较，并对项目建成以后可能取得的财务、经济效益及社会环境影响进行预测、分析和评价，为项目决策提供依据的一种综合性的系统分析方法。可行性研究的最后结果是可行性研究报告。

可行性研究报告经有关部门批准后，作为确定建设项目、编制设计文件的依据。经批准的可行性研究报告，不得随意修改和变更。如有变更应经原批准机关同意。

温馨提示：与前期决策阶段有关的造价是建设项目的投资估算。

（二）勘察设计阶段

（1）勘察的主要任务是什么？

勘察的主要任务是根据建设工程的要求，对建设场地的地形、地质构造等进行实地调查和勘探，查明、分析、评价建设场地的地质、地理环境特征和岩土工程条件，编制建设工程勘察文件，为建设项目的设计提供准确的地质资料。

（2）设计阶段的主要任务是什么？分为几个阶段？

建设项目设计是指根据建设项目的要求，对建设项目所需的技术、经济、资源、环境等条件进行综合分析、论证，编制建设项目设计文件的活动。

可行性研究报告和选址报告批准后，建设单位或其主管部门可以委托或通过设计招投标方式选择设计单位，按可行性研究报告中的有关要求，编制设计文件。

设计文件是安排建设项目和组织工程施工的主要依据。对于一般的大中型项目，一般采用两阶段设计，即初步设计和施工图设计；对于技术上负责且缺乏设计经验的项目，应增加技术设计阶段。

① 初步设计。初步设计的目的是确定建设项目在确定地点和规定期限内进行建设的可能性和合理性，从技术上和经济上对建设项目作出全面规划和合理安排，作出基本技术决定和确定总的建设费用，以便取得最好的经济效益。

温馨提示：

1. 在初步设计阶段编制的造价是设计概算。

2. 总概算超过可行性研究报告投资估算的10%以上或其他主要指标需要变动时，重新报批。

②技术设计。为了研究和决定初步设计所采用的工艺过程、建筑与结构形式等方面的主要技术问题，补充完善初步设计。

温馨提示：在技术设计阶段编制的造价是修正概算。

③施工图设计。施工图设计是在批准的初步设计基础上制定的，比初步设计具体、准确，是进行建筑安装工程、管道铺设、钢筋混凝土和金属结构、房屋构造等施工所采用的施工图，是现场施工的依据。

温馨提示：在施工图设计阶段编制的造价是施工图预算。

（三）建设准备阶段

为了保证工程按期开工并顺利进行，在开工建设前必须做好各项准备工作。这一阶段的准备工作主要包括：征地，拆迁，七通一平，招投标选择施工单位、监理单位、材料、设备供应商，办理施工许可证等。

温馨提示：在建设准备阶段编制的造价主要是招标控制价和投标报价。

（四）建设施工阶段

建设施工阶段是将设计方案变成工程实体的阶段，建设单位取得施工许可证方可开工。施工阶段的主要任务是：按照设计施工图进行施工安装，建成工程实体，实现项目质量、进度、投资、安全、环保等目标。

温馨提示：在施工阶段编制的造价主要是工程结算。

（五）竣工验收阶段

当工程项目按设计文件的规定内容和施工图纸的要求全部完成后，由建设单位向负责验收的单位提出竣工验收申请报告，组织验收。竣工验收是工程建设过程的最后一环，是全面考核建设成果、检验设计和工程质量的重要步骤，也是项目建设转入生产和使用的标志。其目的为：

（1）检验设计和工程质量，及时发现和解决影响生产的问题，保证项目按设计要求的技术经济指标正常生产。

（2）建设单位对验收合格的项目可以及时移交固定资产，使其由建设系统转入生产或投入使用。凡符合竣工条件而不及时办理竣工验收的，一切费用不准再由投资中支出。

根据有关规定，竣工验收分为初步验收和竣工验收。

温馨提示：验收合格后，建设单位编制竣工决算。

第二节　工程造价构成概述

一、工程造价的概念

工程造价就是建设项目总投资中的固定资产投资部分，是建设项目从筹建到竣工交付使用的整个建设过程所花费的全部固定资产投资的费用。

二、工程造价的构成

根据国家发改委和原建设部审定（发改投资［2006］1325号）发行的《建设项目经济评价方

法与参数（第三版）》的规定，工程造价（固定资产投资）由五部分构成，如图1-5所示。

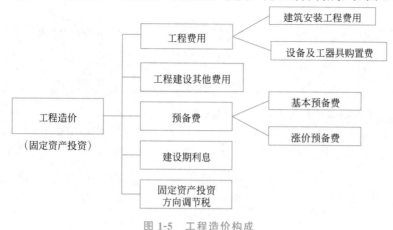

图 1-5 工程造价构成

温馨提示：根据财政部、国家税务总局、国家发展计划委员会财税字〔1999〕299号文件，自2000年1月1日起发生的投资额，暂停征收固定资产投资方向调节税。但该税种并未取消。

三、建筑安装工程费用的构成

（一）建筑安装工程包括的内容

（1）建筑工程。主要包括以下四部分内容。

① 各类房屋建筑工程和列入房屋建筑工程的供水、供暖、卫生、通风、燃气等设备费用及其装饰、油饰工程的费用，列入建筑工程预算的各种管道、电力、电信和电缆导线敷设工程的费用。

② 设备基础、支柱、工作台、烟囱、水塔、水池、灰塔等建筑工程，以及各种炉窑的砌筑工程和金属结构工程的费用。

③ 为施工而进行的场地平整和水文地质勘察费用，原有建筑物和障碍物的拆除，以及施工临时用水、电、气、路和完工后的场地清理费用，环境绿化、美化等的费用。

④ 矿井开凿、井巷延伸、露天矿剥离费用，石油、天然气钻井费用，修建铁路、公路、桥梁、水库、堤坝、灌渠及防洪工程的费用。

（2）安装工程。主要包括以下两部分内容。

① 生产、动力、起重、运输、传动和医疗、实验等各种需要安装的机械设备的装配费用，与设备相连的工作台、梯子、栏杆等设施的工作费用，附属于被安装设备的管线敷设工程费用，以及安装设备的绝缘、防腐、保温、油漆等工作的材料费和安装费用。

② 为测定安装工程质量，对单台设备进行单机试运转、对系统设备进行系统联动无负荷试运转工作的调试费用。

（二）建筑安装工程费用的构成

根据住房城乡建设部和财政部共同颁发的《建筑安装工程费用项目组成》（建标〔2013〕44号）的规定，我国现行建筑安装工程费用的构成包括两种形式，一种是按照费用构成要素划分的费用构成，另一种是按照造价形成划分的费用构成。

（1）按费用构成要素划分。按照费用构成要素划分，建筑安装工程费用包括以下七种要素。如图 1-6 所示。

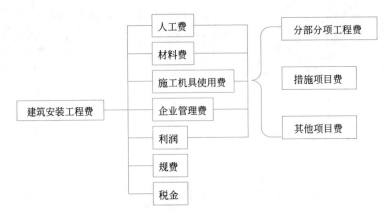

图 1-6　建筑安装工程费用构成（按费用构成要素划分）

温馨提示：某些省份的预算定额把规费取消了，其构成内容合并在相关内容里。

① 人工费：是指按工资总额构成规定，支付给从事建筑安装工程施工的生产工人和附属生产单位工人的各项费用。

② 材料费：是指施工过程中耗费的原材料、辅助材料、构配件、零件、半成品或成品、工程设备的费用，包括从材料的来源地到工地仓库的出库价格。

③ 施工机具使用费：是指施工作业所发生的施工机具、仪器仪表使用费或其租赁费。

④ 企业管理费：是指建筑安装企业组织施工生产和经营管理所需的费用。

⑤ 利润：是指施工企业完成所承包工程获得的盈利。

⑥ 规费：是指按国家法律、法规规定，由省级政府和省级有关权力部门规定必须缴纳或计取的费用。包括：社会保险费、住房公积金和工程排污费，如图 1-7 所示。

⑦ 税金：是指国家税法规定的应计入建筑安装工程造价内的营业税、城市维护建设税、教育费附加以及地方教育附加，如图 1-8 所示。

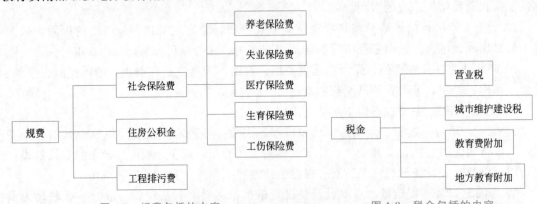

图 1-7　规费包括的内容　　　　　　　　图 1-8　税金包括的内容

温馨提示：根据营业税改征增值税试点实施办法财税〔2016〕36 号的规定，上述的营业税已经改为增值税。

（2）按造价形成划分。按照工程造价形成划分，建筑安装工程费用由分部分项工程费、措施项目费、其他项目费、规费、税金组成，分部分项工程费、措施项目费、其他项目费包含人工费、材料费、施工机具使用费、企业管理费和利润，如图 1-9 所示。

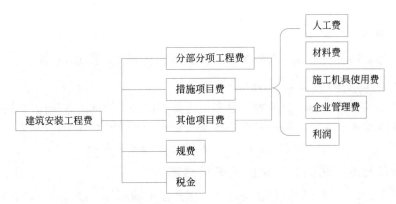

图 1-9 建筑安装工程费用构成（按造价形成划分）

① 分部分项工程费：是指各专业工程的分部分项工程应予列支的各项费用。

② 措施项目费：是指为完成建设工程施工，发生于该工程施工前和施工过程中的技术、生活、安全、环境保护等方面的费用，如图 1-10 所示。

③ 其他项目费：主要包括以下三种，如图 1-11 所示。

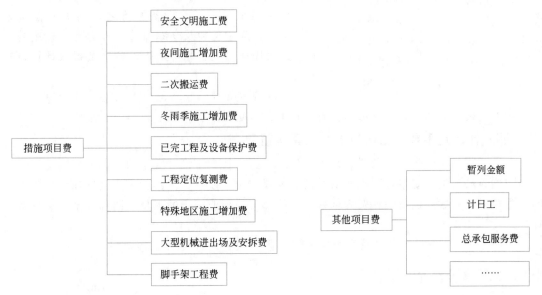

图 1-10 措施项目费包括的内容　　　　图 1-11 其他项目费包括的内容

● 暂列金额：是指建设单位在工程量清单中暂定并包括在工程合同价款中的一笔款项。用于施工合同签订时尚未确定或者不可预见的所需材料、工程设备、服务的采购，施工中可能发生的工程变更、合同约定调整因素出现时的工程价款调整以及发生的索赔、现场签证确认等的费用。

● 计日工：是指在施工过程中，施工企业完成建设单位提出的施工图纸以外的零星项目或工作所需的费用。

● 总承包服务费：是指总承包人为配合、协调建设单位进行的专业工程发包，对建设单位自行采购的材料、工程设备等进行保管，以及施工现场管理、竣工资料汇总整理等服务所需的费用。

④ 规费：与按费用构成要素划分中的完全一样。

⑤ 税金：与按费用构成要素划分中的完全一样。

四、设备及工器具购置费

设备及工器具购置费由设备购置费和工具、器具及生产家具购置费组成。

(一)什么是设备购置费?由哪些项构成

设备购置费是指为工程项目购置或自制的达到固定资产标准的各种国产或进口设备、工具、器具的购置费用。由设备原价和设备运杂费构成。其计算公式为:

$$设备购置费＝设备原价＋设备运杂费$$

(二)设备分为哪两类?其原价构成包括哪些

设备一般分为国产设备和进口设备两种。国产设备的原价一般指的是设备制造厂的交货价,即出厂价或订货合同价。进口设备的原价是指进口设备的抵岸价,即抵达买方边境港口或边境车站,且交完关税等税费后形成的价格。进口设备的原价构成如图 1-12 所示。

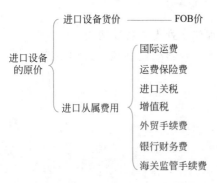

图 1-12　进口设备的原价构成图

(三)什么是设备运杂费

设备运杂费是指除设备原价之外的关于设备采购、运输、途中包装及仓库保管等方面支出费用的总和。其费用按照设备原价乘以设备运杂费率计算,其公式为:

$$设备运杂费＝设备原价×设备运杂费率$$

其中:设备运杂费率按各部门及省、市等的规定计取。

(四)什么是工具、器具及生产家具购置费

工具、器具及生产家具购置费是指新建或扩建项目初步设计规定的,保证初期正常生产必须购置的没有达到固定资产标准的设备、仪器、工卡模具、器具、生产家具和备品备件等的购置费用。一般以设备购置费为基数,按照部门或行业规定的工具、器具及生产家具费率计算。计算公式为:

$$工具、器具及生产家具购置费＝设备购置费×定额费率$$

五、工程建设其他费用

工程建设其他费用是指从工程筹建起到工程竣工验收交付使用止的整个建设期间,除建筑安装工程费用和设备及工具、器具购置费用以外的,为保证工程建设顺利完成和交付使用后能够正常发挥效用而发生的各项费用。

工程建设其他费用,按其内容大体可分为三类:土地使用费、与工程建设有关的其他费用、与未来企业生产经营有关的其他费用,如图 1-13 所示。

(一)什么是土地使用费

土地使用费是指建设单位为了获得建设用地

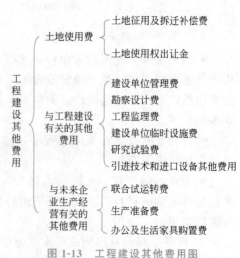

图 1-13　工程建设其他费用图

的使用权而支付的费用。土地使用费有两种形式，一是通过划拨方式取得土地使用权而支付的土地征用及拆迁补偿费；二是通过土地使用权出让方式取得土地使用权而支付的土地使用权出让金，如图1-13所示。其费用根据各地工程建设其他费用标准的相关规定计算。

（二）与工程建设有关的其他费用包括哪些

与工程建设有关的其他费用主要包括建设单位管理费、勘察设计费、研究试验费、建设单位临时设施费、工程监理费、工程保险费、施工机构迁移费、引进技术和进口设备其他费用、工程承包费等。其费用根据各地工程建设其他费用标准的相关规定计算。

（三）与未来企业生产经营有关的其他费用包括哪些

与未来企业生产经营有关的其他费用主要包括联合试运转费、生产准备费、办公和生活家具购置费等，如图1-13所示。

（1）什么是联合试运转费？

联合试运转费是指新建或扩建工程项目竣工验收前，按照设计规定应进行有关无负荷和负荷联合试运转所发生的费用支出大于费用收入的差额部分费用。该项费用一般按照不同性质的项目需要试运转车间工艺设备购置费的百分比进行计算。

温馨提示：联合试运转费不包括应由设备安装工程费开支的单台设备调试费和试车费用。

（2）什么是生产准备费？

生产准备费是指新建或扩建工程项目在竣工验收前为保证竣工交付使用而进行必要的生产准备所发生的有关费用。其费用根据各地费用内容和标准进行计算。

（3）什么是办公和生活家具购置费？

办公和生活家具购置费是指为保证新建或扩建工程项目初期正常生产、使用和管理所必须购置的办公和生活家具、用具的费用。

该项费用一般按照设计定员人数乘以相应的综合指标进行估算。

温馨提示：改、扩建工程项目所需的办公和生活家具购置费应低于新建项目。

六、预备费

按我国现行规定，预备费包括基本预备费和涨价预备费。

（一）什么是基本预备费？包括哪些内容

基本预备费是指在初步设计及概算内难以预料的工程费用。主要包括以下三部分内容：

（1）在批准的初步设计范围内，技术设计、施工图设计及施工过程中所增加的工程费用；设计变更、局部地基处理等增加的费用。

（2）一般自然灾害造成的损失和预防自然灾害所采取的措施费用，实行工程保险的工程项目费用应适当降低。

（3）竣工验收时为鉴定工程质量，对隐蔽工程进行必要的挖掘和修复费用。

基本预备费一般用建筑安装工程费用、设备及工器具购置费和工程建设其他费用三者之和乘以基本预备费率进行计算。其计算公式为：

基本预备费＝（建筑安装工程费用＋设备及工器具购置费＋工程建设其他费用）×
　　　　　　基本预备费率

基本预备费率一般按照国家有关部门的规定执行。

（二）什么是涨价预备费？包括哪些内容

涨价预备费是指建设项目在建设期间内由于价格等变化引起工程造价变化的预测预留费用，费用包括：人工、设备、材料、施工机械的价差费，建筑安装工程费及工程建设其他费调整，利率、汇率调整等增加的费用。一般根据国家规定的投资综合价格指数，按估算年份价格水平的投资额为基数，采用复利方法计算。计算公式为：

$$PC = \sum_{t=1}^{n} I_t \left[(1+f)^t - 1 \right]$$

式中　　PC——涨价预备费；

　　　　n——建设期年份数；

　　　　I_t——建设期中第 t 年的投资计划额，包括工程费用、工程建设其他费用及基本预备费；

　　　　f——年投资价格上涨率；

　　　　t——建设期第 t 年。

七、建设期贷款利息

建设期贷款利息包括向国内银行和其他非银行金融机构贷款、出口信贷、外国政府贷款、国际商业银行贷款，以及在境内外发行的债券等在建设期间内应偿还的借款利息。根据我国现行规定，在建设项目的建设期内只计息不还款。贷款利息的计算分为以下三种情况。

（一）当贷款总额一次性贷出且利率固定时，如何计算贷款利息

当贷款总额一次性贷出且利率固定时，按下式计算贷款利息：

$$贷款利息 = F - P$$
$$F = P(1 + i_{实际})^n$$

式中　　P——一次性贷款金额；

　　　　F——建设期还款时的本利和；

　　　$i_{实际}$——年实际利率；

　　　　n——贷款期限。

（二）当总贷款分年贷款且在建设期各年年初发放时，如何计算贷款利息

当总贷款分年贷款且在建设期各年年初发放时，建设期利息的计算可按当年借款和上年贷款都按全年计息。计算公式为：

$$q_t = (P_{t-1} + A_t) i_{实际}$$
$$建设期贷款利息 = 建设期各年应计利息之和$$

式中　　q_t——建设期第 t 年应计利息；

　　　P_{t-1}——建设期第 $(t-1)$ 年末贷款累计金额与利息累计金额之和；

　　　　A_t——建设期第 t 年贷款金额；

　　　$i_{实际}$——年实际利率。

（三）当总贷款是分年均衡发放时，如何计算贷款利息

当总贷款是分年均衡发放时，建设期利息的计算可按当年借款在年中支用考虑，即当年贷款按半年计息，上年贷款按全年计息。计算公式为：

$$q_t = \left(P_{t-1} + \frac{1}{2}A_t\right)i_{\text{实际}}$$

式中各字母的含义同上。

温馨提示：实际利率与名义利率的换算公式为：$i_{\text{实际}} = \left(1 + \frac{i_{\text{名义}}}{m}\right)^m - 1$

式中　$i_{\text{名义}}$——年名义利率；

　　　m——每年结息的次数。

【例1-1】　某新建项目，建设期为 3 年，贷款年利率为 6%，按季计息，试计算以下三种情况下建设期的贷款利息：

（1）如果在建设期初一次性贷款 1300 万元。

（2）如果贷款在各年均衡发放，第一年贷款 300 万元，第二年贷款 600 万元，第三年贷款 400 万元。

（3）如果贷款在各年年初发放，第一年贷款 300 万元，第二年贷款 600 万元，第三年贷款 400 万元。

【解】　由题意可知：贷款年利率为 6%，按季计息，因此，先把 6% 的年名义利率换算为年实际利率。

$$i_{\text{实际}} = \left(1 + \frac{i_{\text{名义}}}{m}\right)^m - 1 = \left(1 + \frac{6\%}{4}\right)^4 - 1 = 6.14\%$$

（1）如果在建设期初一次性贷款 1300 万元，根据在建设期初一次性贷款的公式，第三年末本利和为：

$$F = P(1 + i_{\text{实际}})^n = 1300 \times (1 + 6.14\%)^4 = 1554.46 \text{（万元）}$$

建设期的总利息为：$1554.46 - 1300 = 254.46$（万元）。

（2）如果贷款在各年均衡发放，在建设期，各年利息和总利息计算如下：

$$q_1 = \frac{1}{2}A_1 i_{\text{实际}} = \frac{1}{2} \times 300 \times 6.14\% = 9.21 \text{（万元）}$$

$$q_2 = \left(P_1 + \frac{1}{2}A_2\right)i_{\text{实际}} = \left(300 + 9.21 + \frac{1}{2} \times 600\right) \times 6.14\% = 37.41 \text{（万元）}$$

$$q_3 = \left(P_2 + \frac{1}{2}A_3\right)i_{\text{实际}} = \left(300 + 9.21 + 600 + 37.41 + \frac{1}{2} \times 400\right) \times 6.14\% = 70.4 \text{（万元）}$$

所以，建设期贷款利息为：$9.21 + 37.41 + 70.4 = 117.02$（万元）。

（3）如果贷款在各年年初发放，各年利息和总利息计算如下：

$$q_1 = A_1 i_{\text{实际}} = 300 \times 6.14\% = 18.42 \text{（万元）}$$

$$q_2 = (P_1 + A_2)i_{\text{实际}} = (300 + 18.42 + 600) \times 6.14\% = 56.39 \text{（万元）}$$

$$q_3 = (P_2 + A_3)i_{\text{实际}} = (300 + 18.42 + 600 + 56.39 + 400) \times 6.14\% = 84.41 \text{（万元）}$$

所以，建设期贷款利息为：$18.42 + 56.39 + 84.41 = 159.22$（万元）。

第三节　工程造价计价概述

一、什么是工程造价计价

工程造价计价是指建设项目工程造价的计算与确定。具体是指工程造价人员在项目实施的各个阶段，根据各个阶段的不同要求，遵循计价原则和程序，采用科学的计价方法，对投资项目最可能实现的合理价格做出科学的计算，从而确定投资项目的工程造价，编制工程造价的经济文件。

二、工程造价计价具有哪些主要特点

工程造价计价具有单件性计价、多次性计价、组合性计价等主要特点，如图 1-14 所示。

（一）单件性计价

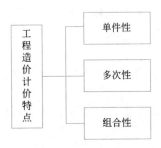

图 1-14　工程造价的计价特征

工程建设产品生产的单件性，决定了其产品计价的单件性。每个工程建设产品都有专门的用途，都是根据业主的要求进行单独设计并在指定的地点建造的，其结构、造型和装饰、体积和面积、所采用的工艺设备和建筑材料等各不相同。因此，建设工程就不能像工业产品那样按品种、规格、质量成批地定价，只能通过特殊的程序（编制估算、概算、预算、合同价、结算价及最后确定竣工决算价格），就各个工程项目计算工程造价，即单件计价。

（二）多次性计价

建设工程的生产过程是按照建设程序逐步展开，分阶段进行的。为满足工程建设过程中不同的计价者（业主、咨询方、设计方和施工方）各阶段工程造价管理的需要，就必须按照设计和建设阶段多次进行工程造价的计算，以保证工程造价确定与控制的合理性，如图 1-15 所示。

（1）投资估算在什么阶段由谁编制？其费用内容包括哪些？

投资估算是在投资决策阶段，由业主或其委托的具有相应资质的咨询机构编制，其费用内容包括拟建项目从筹建、施工直至竣工投产所需的全部费用。投资估算是可行性研究报告的组成部分。

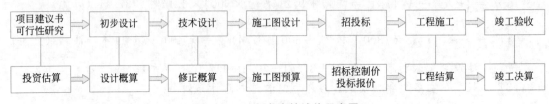

图 1-15　工程多次性计价示意图

（2）设计概算在什么阶段由谁编制？其费用内容包括哪些？

设计概算是在初步设计阶段，由设计单位编制，其费用内容包括从筹建到竣工交付使用所需全部费用。设计概算是初步设计文件的重要组成部分，与投资估算相比，准确性有所提高，但要受到估算额的控制。

（3）修正概算在什么阶段由谁编制？

修正概算是指在技术设计阶段，由设计单位编制，是对初步设计的概算进行修正调整，比设计概算准确，但要受到概算额的控制，是技术设计文件的组成部分。

（4）施工图预算在什么阶段由谁编制？其费用内容包括哪些？

施工图预算是指在施工图设计阶段由设计单位或施工单位编制，其费用内容为建筑安装工程造价，是施工图设计文件的组成部分，比设计概算或修正概算更为详尽和准确，但同样受到设计概算或修正概算的控制。

（5）招标控制价和投标报价是在什么阶段由谁确定的？其费用内容包括哪些？

招标控制价是在招标阶段由招标人编制的招标工程的最高投标限价，是招标文件的组成部分；投标报价是在投标阶段由投标人投标编制的，对已标价工程量清单汇总后标明的总价，是投标文件的组成部分。招标控制价和投标报价的费用内容包括完成招标工程量清单所需要的全部费用。

（6）工程结算在什么阶段由谁编制？其费用内容包括哪些？

工程结算是指在施工阶段，由承包商编制，甲方审核，其费用包括已完工程的建筑安装工程造价。

（7）竣工决算在什么阶段由谁编制？其费用内容包括哪些？

竣工决算是指在整个建设项目或单项工程竣工验收移交后，由业主编制，反映建设项目实际造价和投资效果的文件，是竣工验收报告的重要组成部分。其费用内容包括建设项目从筹建、施工直至竣工投产所实际支出的全部费用。

温馨提示：从投资估算、设计概算、施工图预算到招标控制价、投标报价，再到工程结算价和竣工决算，整个计价过程是一个由粗到细、由浅到深，最后确定建设工程实际造价的过程。计价过程各环节之间相互衔接，前者制约后者，后者补充前者。

（三）组合性计价

工程造价的计算是逐步组合而成，这一特征和建设项目的分解有关。一个建设项目总造价由各个单项工程造价组成，一个单项工程造价由各个单位工程造价组成，一个单位工程造价按分部分项工程计算得出，这充分体现了计价组合的特点。可见，工程计价过程是从分部分项工程造价、单位工程造价、单项工程造价、建设项目总造价逐步向上汇总组合而成，其计算、组合汇总的顺序如图 1-16 所示。

图 1-16 工程造价顺序图

三、工程造价计价的基本原理

由上述可知：工程造价计价的一个主要特点是具有多次性计价，具体表现形式为投资估算、设计概算、施工图预算、招标工程控制价、投标报价、工程合同价、工程结算价和决算价等，既包括业主方、咨询方和设计方计价，也包括承包方计价，虽然形式不同，但工程造价计价的基本原理是相同的。即：

工程造价＝工程成本＋利润

不同之处就是对于不同的计价主体，成本和利润的内涵是不同的。

工程造价计价的另一个主要特点是组合性计价，具体表现形式为先把建设项目按工程结构分解进行。通过工程结构分解，将整个工程分解至基本子项，以便计算基本子项的工程量和需要消耗的各种资源的量与价。工程分解的层数越多，基本子项越细，计算得到的费用也越准确。然后从基本子项的成本向上组合汇总就可得到上一层的成本费用。

如果仅从成本费用计算的角度分析，影响成本费用的主要因素有两个：基本子项的单位价格和基本子项的工程实物数量，可用下列基本计算公式表达：

$$工程成本费用 = \sum_{i=1}^{n}(单位价格 \times 工程实物量)$$

式中　i——第 i 个基本子项；

　　　n——工程结构分解得到的基本子项数目。

（一）基本子项的工程实物数量计算的依据

基本子项的工程实物数量可以根据设计图纸和相应的计算规则计算得到，它能直接反映工程项目的规模和内容。工程量的计算将在后面的章节中详细介绍。

工程实物量的计量单位取决于单位价格的计量单位。如果单位价格的计量单位是单项工程或单位工程，甚至是一个建设项目，则工程实物量的计量单位也对应地是一个单项工程或一个单位工程，甚至是一个建设项目。计价子项越大，得到的工程造价额就越粗略；如果以一个分项程工程为一个基本子项，则得到的造价结果就会更为准确。

工程结构分解的层次越多，基本子项越小，越便于计量，得到的造价越准确。

编制投资估算时，由于所能掌握的影响工程造价的信息资料较少，工程方案还停留在设想或概念设计阶段，计算工程造价时单位价格计量单位的对象较大，可能是一个建设项目，也可能是一个单项工程或单位工程，所以得到的工程造价值较粗略；编制设计概算时，计量单位的对象可以取到扩大分项工程；而编制施工图预算时则可以取到分项工程作为计量单位的基本子项，工程结构分解的层次和基本子项的数目都大大超过投资估算或设计概算的基本子项数目，因而施工图预算值较为准确。

（二）基本子项的单位价格

基本子项的单位价格主要由两大要素构成：完成基本子项所需的资源数量和需要资源的价格。资源主要包括人工、材料和施工机械等。单位价格的计算公式可以表示为：

$$单位价格 = \sum_{j=1}^{m}(资源消耗量 \times 资源价格)$$

式中　j——第 j 种资源；

　　　m——完成某一基本子项所需资源的数目。

如果资源消耗量包括人工消耗量、材料消耗量和机械台班消耗量，则资源价格就包括人工价格、材料价格和机械台班价格。

（1）什么是资源消耗量？

资源消耗量是指完成基本子项单位实物量所需的人工、材料、机械、资金的消耗量。

（2）资源价格在具体计算时如何选取？

进行工程造价计算时所依据的资源价格应是市场价格，而市场价格会受到市场供求变化和物价变动的影响，从而导致工程造价的变化。如果单位价格仅由资源消耗量和资源价格形成，则构成工程定额中的直接工程费单位价格。如果单位价格由规费和税金以外的费用形成，则构成清单计价中的综合单位价格。关于综合单位价格即综合单价的计算在工程量清单及其计价章节中详细介绍。

四、工程造价计价的两种模式

根据上述可知：影响工程造价的因素主要包括两个，如图 1-17 所示。这两种因素计算的依据不同，对应有两种工程造价计价模式，即定额计价模式和清单计价模式。

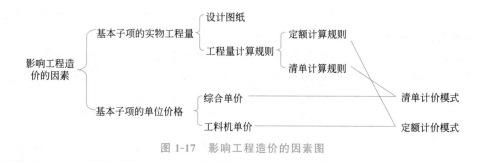

图 1-17 影响工程造价的因素图

（一）什么是定额计价模式

定额计价模式是指在工程造价计价过程中以各地的预算定额为依据，按其规定的分项工程子目和计算规则，逐项计算各分项工程的工程量，套用预算定额中的工、料、机单价确定直接工程费，然后按规定取费标准确定构成工程价格的其他费用和利税，获得建筑安装工程造价，如图 1-18 所示。

由于定额中工、料、机的消耗量是根据各地的"社会平均水平"综合测定的，费用标准也是根据不同地区平均测算的，因此，企业采用这种模式的报价是一种社会平均水平，与企业的技术水平和管理水平无关，体现不了市场公平竞争的基本原则。

（二）什么是清单计价模式

清单计价模式是建设工程招标投标中，招标人或委托具有资质的中介机构按照国家统一的工程量清单计价规范，编制反映工程实体消耗和措施消耗的工程量清单，并作为招标文件的一部分提供给招标人，由投标人依据工程量清单，根据各种渠道所得的工程造价信息和经验数据，结合企业定额自主报价的计价方式，如图 1-19 所示。关于工程量清单计价在后面的章节里会单独介绍。

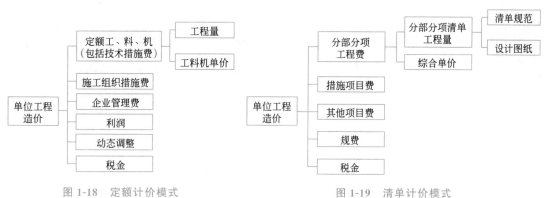

图 1-18 定额计价模式　　　　　　　　图 1-19 清单计价模式

本章小结

工程造价概述是工程造价计价必备的基础知识，因此，本章对这些基本知识进行了详细的介绍。首先，介绍了建设项目的基本概念及其分解，建设项目从上到下分为单项工程、单位工程、分部工程和分项工程，这种分解结构体现了工程造价计价的组合计价的特点。

其次，介绍了建设项目的建设程序及其各阶段的主要任务，以及与造价的对应关系，这体现了工程造价计价的多次计价的特点。

然后，介绍了工程造价的概念及其构成，详细介绍了建筑安装工程造价的构成。

最后，介绍了工程造价计价的基本概念、特点及其计价的两种基本模式。

本章思考题

（1）何为建设项目？建设项目从大到小分解为哪些子项？各有何特点？试举例说明。

（2）简述我国工程建设的程序及各个阶段的主要任务，与建设程序各个阶段相对应的造价是什么？

（3）何为工程造价？其费用由哪些构成？

（4）建筑安装工程造价包括哪些内容？

（5）工程造价计价有哪些主要特点？

（6）从基本子项的实物工程量和基本子项的单位价格阐述定额计价模式与清单计价模式的区别。

实训作业

（1）案例工程对于一个建设项目来讲属于哪一级？

（2）完成案例工程的分解。

第二章 建筑工程定额

 问题导入

什么是工程定额？工程定额根据不同的分类标准分为哪几类？预算定额的组成与表现形式如何？分项工程如何套用预算定额？如何应用预算定额编制施工图预算？

 本章内容框架

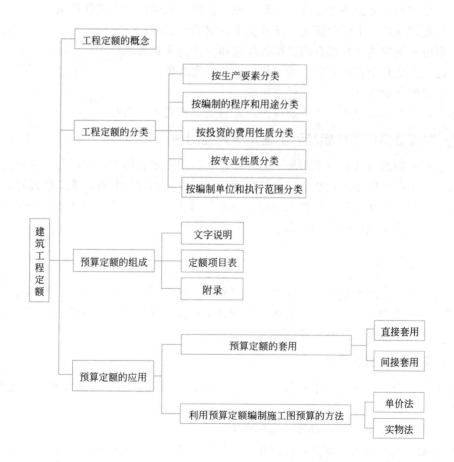

学习目标

(1) 掌握工程定额的概念和各种分类；
(2) 掌握预算定额的组成；
(3) 掌握预算定额的应用。

第一节　概　述

一、工程定额的概念

(一) 什么是工程定额？应该从哪几个方面去理解

工程定额是指在合理的劳动组织、合理地使用材料及机械的条件下，完成一定计量单位的合格建筑产品所必须消耗资源的数量标准。应从以下几方面理解工程定额：

(1) 工程定额是专门为建设生产而制定的一种定额，是生产建筑产品消耗资源的限额规定；

(2) 工程定额的前提条件是劳动组织合理、材料及机械得到合理的使用；

(3) 工程定额是一个综合概念，是各类工程定额的总称；

(4) 合格是指建筑产品符合施工验收规范和业主的质量要求；

(5) 建筑产品是个笼统概念，是工程定额的标定对象；

(6) 消耗的资源包括人工、材料和机械。

温馨提示：工程定额是一个综合概念，是各类工程定额的总称。

(二) 为何要实行工程定额？工程定额有何用途

实行工程定额的目的是力求用最少的资源，生产出更多合格的建筑产品，取得更加良好的经济效益。工程定额是工程造价计价的主要依据。在编制设计概算、施工图预算、竣工决算时，无论是划分工程项目、计算工程量，还是计算人工、材料和施工机械台班的消耗量，都是以工程定额为标准依据的。

二、工程定额的分类

工程定额是一个综合概念，是各类工程定额的总称。因此，在工程造价的计价中，需要根据不同的情况套用不同的定额。工程定额的种类很多，根据不同的分类标准可以划分为不同的定额，下面重点介绍几种主要的分类。

(一) 按生产要素分类

按生产要素分，工程定额主要分为劳动定额、材料消耗定额和机械台班使用定额三种，如图 2-1 所示。

(1) 什么是劳动定额？其表现形式有哪两种？

劳动定额，又称为人工定额，是指在正常生产条件下，完成单位合格建筑产品所需要消耗的劳动力数量标准。劳动定额反映的是活劳动消耗。按照反映活劳动消耗的方式不同，劳动定额表现为两种形式：时间定额和产量定额，如图 2-1 所示。

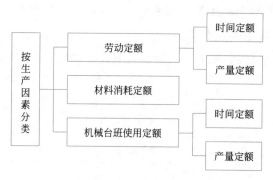

图 2-1 按生产要素分类

① 什么是人工时间定额？其计量单位是什么？

人工时间定额是指在一定的生产技术和生产组织条件下，生产单位合格建筑产品所必须消耗的劳动的时间数量标准。其计量单位为：工日。按照我国现行的工作制度，1 工日＝8 工时。

② 什么是人工产量定额？其计量单位是什么？

人工产量定额是指在一定的生产技术和生产组织条件下，生产工人在单位时间内生产合格建筑产品的数量标准。其计量单位没有统一的单位，以产品的计量单位为准。

③ 人工时间定额和人工产量定额是什么关系？

根据上述概念可知：人工时间定额和人工产量定额是互为倒数的关系。即：

$$人工时间定额 = \frac{1}{人工产量定额}$$

温馨提示：为了便于综合和核算，劳动定额大多采用时间定额的形式。

（2）什么是材料消耗定额？

材料消耗定额是指在节约和合理使用材料的条件下，生产单位合格产品需要消耗的一定品种、一定规格的建筑材料的数量标准，包括原材料、成品、半成品、构配件、燃料以及水电等动力资源。

（3）什么是机械台班使用定额？其表现形式有哪几种？

机械台班使用定额，又称机械使用定额，是指在正常生产条件下，完成单位合格产品所需要消耗的机械的数量标准。按照反映机械消耗的方式不同，机械台班使用定额同样表现为两种形式：时间定额和产量定额，如图 2-1 所示。

① 什么是机械时间定额？其计量单位是什么？

机械时间定额是指在一定的生产技术和生产组织条件下，生产单位合格产品所消耗的机械的时间数量标准。其计量单位为：台班。按现行工作制度，1 台班＝1 台机械工作 8 小时。

② 什么是机械产量定额？其计量单位是什么？

机械产量定额是指在一定的生产技术和生产组织条件下，机械在单位时间内生产合格产品的数量标准。其计量单位没有统一的单位，以产品的计量单位为准。

③ 机械工时间定额和机械产量定额是什么关系？

根据上述概念可知：机械时间定额和机械产量定额是互为倒数的关系。即：

$$机械时间定额 = \frac{1}{机械产量定额}$$

温馨提示：为了便于综合和核算，机械台班使用定额大多采用时间定额的形式。

（二）按编制的程序和用途分类

按编制的程序和用途分类，工程定额分为以下几种，如图 2-2 所示。

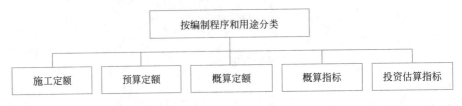

图 2-2　按编制程序和用途分类

（1）施工定额是以什么为标定对象？其用途是什么？

施工定额是以**同一施工过程**为标定对象，确定一定计量单位的某种建筑产品所需要消耗的人工、材料和机械台班使用的数量标准。

施工定额是施工单位内部管理的定额，是生产性的消耗定额，属于企业定额的性质。其用途有两个，一是用于编制施工预算、施工组织设计、施工作业计划，考核劳动生产率和进行成本核算的依据；二是编制预算定额的基础资料。

温馨提示：施工定额是一种计量性定额，即只有工料机消耗的数量标准。

（2）预算定额是以什么为标定对象？其用途是什么？

预算定额是以**分项工程**为标定对象，确定一定计量单位的某种建筑产品所必须消耗的人工、材料和机械台班使用的数量及费用标准。

预算定额是以施工定额为基础编制的，它是在施工定额的基础上进行综合和扩大，其用途有两个。一是用以编制施工图预算，确定建筑安装工程造价，编制施工组织设计和工程竣工决算的依据；二是编制概算定额和概算指标的基础。

（3）概算定额是以什么为标定对象？其用途是什么？

概算定额是以**扩大分项工程**为标定对象，确定一定计量单位的某种建筑产品所必须消耗的人工、材料和施工机械台班使用的数量及费用标准。

概算定额是预算定额的扩大与合并，包括的工程内容很综合。其用途是方案设计阶段编制设计概算的依据。

（4）概算指标是以什么为标定对象？其用途是什么？

概算指标是以**整个建筑物**为标定对象，确定每 $100m^2$ 建筑面积所必须消耗的人工、材料和施工机械台班使用的数量及费用标准。

概算指标比概算定额更加综合和扩大，概算指标中各消耗量的确定，主要来自各种工程的概预算和决算的统计资料。其用途是编制设计概算的依据。

（5）投资估算指标是以什么为标定对象？其用途是什么？

投资估算指标是以独立的单项工程或完整的建设项目为对象，确定的人工、材料和施工机械台班使用的数量及费用标准。

投资估算指标是决策阶段编制投资估算的依据，是进行技术经济分析、方案比较的依据，对于项目前期的方案选定和投资计划编制有着重要的作用。

温馨提示：预算定额、概算定额、概算指标和估算指标都是计价性定额。

（三）按投资的费用性质分类

按投资的费用性质分类，工程定额主要分为以下几种定额，如图2-3所示。

（1）什么是建筑工程定额？其用途是什么？

建筑工程定额是建筑工程的施工定额、预算定额、概算定额、概算指标的统称。它是计算建筑工程各阶段造价的主要参考依据。

（2）什么是安装工程定额？其用途是什么？

安装工程定额是安装工程的施工定额、预算定额、概算定额、概算指标的统称。它是计算安装工程各阶段造价的主要参考依据。

（3）什么是建设工程费用定额？其用途是什么？

建设工程费用定额是关于建筑安装工程造价中除了工料机外的其他费用的取费标准。它是计算措施费、间接费、利润和税金的主要参考依据。

（4）什么是工程建设其他费用定额？其用途是什么？

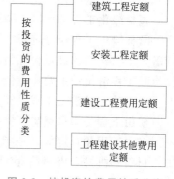

图2-3　按投资的费用性质分类

工程建设其他费用定额是独立于建筑安装工程、设备和工器具购置之外的其他费用开支的标准，它的发生和整个项目的建设密切相关，其他费用定额按各项费用分别制定。它是计算工程建设其他费用的主要参考依据。

（四）按专业性质分类

按专业性质分类，工程定额可以分为以下几类，如图2-4所示。

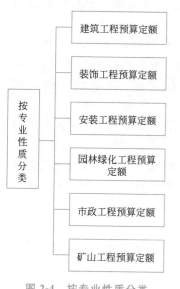

图2-4　按专业性质分类

（1）什么是建筑工程预算定额？其用途是什么？

建筑工程是指房屋建筑的土建工程。

建筑工程预算定额，是指各地区（或企业）编制确定的完成每一建筑分项工程（即每一土建分项工程）所需人工、材料、机械台班和资金消耗量标准的定额。它是业主或建筑施工企业（承包商）计算建筑单位工程造价的主要参考依据。

（2）什么是装饰工程预算定额？其用途是什么？

装饰工程是指房屋建筑室内外的装饰装修工程。

装饰工程预算定额，是指各地区（或企业）编制确定的完成每一装饰分项工程所需人工、材料和机械台班消耗量标准的定额。它是业主或装饰施工企业（承包商）计算装饰工程造价的主要参考依据。

（3）什么是安装工程预算定额？其用途是什么？

安装工程是指房屋建筑室内外各种管线、设备的安装工程。

安装工程预算定额，是指各地区（或企业）编制确定的完成每一安装分项工程所需人工、材料和机械台班消耗量标准的定额。它是业主或安装施工企业（承包商）计算安装工程造价的主要参考依据。

（4）什么是市政工程预算定额？其用途是什么？

市政工程是指城市道路、桥梁等公用公共设施的建设工程。

市政工程预算定额，是指各地区（或企业）编制确定的完成每一市政分项工程所需人工、材料和机械台班消耗量标准的定额。它是业主或市政施工企业（承包商）计算市政工程造价的主要参考依据。

（5）什么是园林绿化工程预算定额？其用途是什么？

园林绿化工程是指城市园林、房屋环境等的绿化统称。

园林绿化工程预算定额，是指各地区（或企业）编制确定的完成每一园林绿化分项工程所需人工、材料和机械台班消耗量标准的定额。它是业主或园林绿化施工企业（承包商）计算市政工程造价的主要参考依据。

（6）什么是矿山工程预算定额？其用途是什么？

矿山工程是指自然矿产资源的开采、矿物分选、加工的建设工程。

矿山工程预算定额，是指各地区（或企业）编制确定的完成每一矿山分项工程所需人工、材料和机械台班消耗量标准的定额。它是业主或矿山施工企业（承包商）计算矿山工程造价的主要参考依据。

（五）按编制单位和执行范围分类

按编制单位和执行范围分，工程定额主要分为以下几类，如图 2-5 所示。

图 2-5　按编制单位和执行范围分类

（1）全国统一定额由谁制定发布的？在什么范围内执行？

全国统一定额由国家建设行政主管部门制定发布，在全国范围内执行的定额。如全国统一建筑工程基础定额、全国统一安装工程预算定额。

（2）行业统一定额由谁制定发布的？在什么范围内执行？

行业统一定额由国务院行业行政主管部门制定发布，一般只在本行业和相同专业性质的内使用的定额。如冶金工程定额、水利工程定额、铁路或公路工程定额。

（3）地区统一定额由谁制定发布的？在什么范围内执行？

地区统一定额由省、自治区、直辖市建设行政主管部门制定颁布，一般只在规定的地区范围内使用的定额。如××省建筑工程预算定额、××省装饰工程预算定额、××省安装工程预算定额等。

（4）企业定额由谁制定发布的？在什么范围内执行？

企业定额是由建筑施工企业考虑本企业生产技术和组织管理等具体情况，参照统一部门或地方定额的水平制定的，只在本企业内部使用的定额。

（5）临时补充定额由谁制定发布的？在什么范围内执行？

临时补充定额是指某工程有统一定额和企业定额中未列入的项目，或在特殊施工条件下无法执行统一的定额，由注册造价师和有经验的工作人员根据本工程的施工特点、工艺要求等直接估算的定额。补充定额制定后必须报上级主管部门批准。

温馨提示：临时补充定额是一次性的，只适合本工程项目。

第二节　预算定额的组成

一、预算定额的组成

预算定额主要由以下几部分组成，如图 2-6 所示。

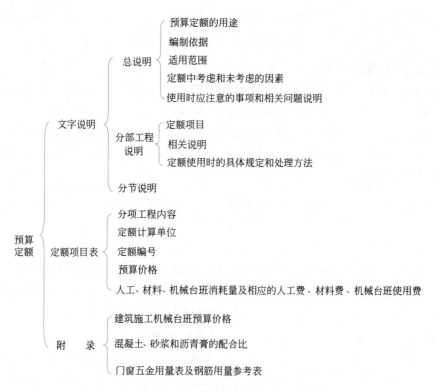

图 2-6　预算定额的组成

二、定额项目表的构成

在上述预算定额组成图中，定额项目表是预算定额的核心内容，其表现形式如表 2-1 所示。

表 2-1　某省建筑工程预算定额现浇混凝土柱示例

工作内容：混凝土搅拌、运输、浇捣、养护等。　　　　　　　　　　　　　　　　　　10m³

定额编号		A5-13	A5-14	A5-15
项目		矩形柱	圆形柱	构造柱
预算价格/元		2971.54	2974.96	3227.51
其中	人工费/元	442.50	451.25	711.25
	材料费/元	2529.04	2523.71	2516.26
	机械费/元	—	—	—

续表

名称		单位	单价/元	数量		
人工	综合工日	工日	125.00	3.54	3.61	5.69
材料	预拌碎石混凝土，$T=190mm\pm30mm$，粒径31.5mm，C20（32.5级）	m³	247.50	9.80	9.80	9.80
	水泥砂浆 1:2	m³	250.84	0.30	0.30	0.30
	施工用电	kW·h	0.82	4.75	4.75	4.75
	工程用水	m³	4.96	0.30	0.32	0.21
	其他材料费	元		22.90	17.47	10.57

（一）分项工程的内容

分项工程的内容一般位于定额项目表的表头最左边，是指定额表中各分项工程所包括的工作内容，即完成分项工程的所有施工过程，如上表中的矩形柱、圆形柱和构造柱三个分项工程的各项消耗量，包括了完成这三个分项工程的所有施工过程，即：混凝土搅拌、运输、浇捣、养护等所有施工过程的消耗量。凡是工作内容中包括的内容不再单独计算其各种消耗量。

（二）计量单位

计量单位一般位于定额项目表的表头最右边，如表 2-1 中的 $10m^3$，定额表中的各种消耗都是针对一定计量单位（$10m^3$）分项工程的消耗量。

（三）定额编号

预算定额表中的定额编号是二符号法，如表 2-1 中的 A5-13，A 代表单位工程（建筑工程）的代号，5 代表第五章，13 代表矩形柱分项工程在第五章中的编号，每一章的编号都要从 1 开始。

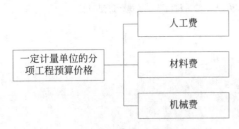

图 2-7　一定计量单位的分项工程预算价格的构成

（四）预算价格

预算价格也叫预算定额基价，是完成一定计量单位的分项工程或结构构件所需要的人工费、材料费和施工机械使用费之和，如图 2-7 所示。

$$一定计量单位的分项工程的预算价格＝人工费＋材料费＋机械费$$

例如：表 2-1 中 $10m^3$ 的矩形柱，其预算价格为 2971.54 元，是人工费 442.50 元、材料费 2529.04 元、机械费 0 元之和。

（五）工料机消耗量及其工料机单价

一定计量单位的分项工程，其预算价格中：

$$人工费＝人工消耗量×人工单价$$
$$材料费＝\sum（材料消耗量×材料单价）＋其他材料费$$
$$机械费＝\sum（台班消耗量×台班单价）$$

（1）什么是人工消耗量和人工单价？

预算定额中的人工消耗量是指完成一定计量单位的分项工程或结构构件所必需的各种用工量之和。如表 2-1 中完成 $10m^3$ 的矩形柱，需要消耗的人工工日为 3.54 工日。

人工单价是指一个建筑安装工人一个工作日在预算中应计入的全部人工费用。它基本上反映了一定时期某个地区建安工人的工资水平和一个工人在一个工作日可以得到的报酬。目前，我国采用的是综合人工单价。如表 2-1 中某地区的人工单价为 125.00 元/工日。

因此，完成 $10m^3$ 的矩形柱所需要的人工费 442.50 元＝人工消耗量 3.54×人工单价为 125.00 元/工日。

（2）什么是材料消耗量和材料单价？

预算定额中的材料按用途分可以分为主要材料、次要材料、零星材料。

① 主要材料的消耗量及其单价。主要材料是指能够计量的消耗量较多、价值较大的直接构成工程实体的材料。

预算定额中的主要材料消耗量是指为完成一定计量单位的合格分项工程产品所必需消耗的各种材料的数量标准。主要材料的单价是指材料从其来源地到达施工工地仓库后出库后的综合平均单价。材料单价的构成如图 2-8 所示。

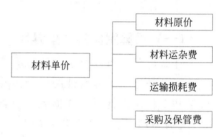

图 2-8　材料单价的构成

温馨提示：在确定材料原价时，同一种材料因产地或供应单位的不同而有几种原价时，应根据不同来源地的供应数量及不同的单价，计算出加权平均原价。

② 次要和零星材料。次要材料是指直接构成分项工程的实体，但其用量很小，不便计算其用量，如砌砖墙中的木砖、混凝土中的外加剂等。零星材料是指不构成分项工程的实体，在施工中消耗的辅助材料，如草袋、氧气等。总的来说，这些次要材料和零星材料用量不多、价值不大，不便在定额中一一列出其消耗量和单价，采用估算的方法计算其总价值后，以"其他材料费"来表示。

表 2-1 中的材料费 2529.04＝预拌碎石混凝土的消耗量 9.8×预拌碎石混凝土的单价 247.5＋水泥砂浆的消耗量 0.3×水泥砂浆的单价 250.84＋施工用电的消耗量 4.75×施工用电的单价 0.82＋工程用水的消耗量 0.3×施工用水的单价 4.96＋其他材料费 22.90

（3）什么是机械台班消耗量和机械台班单价？

预算定额中的机械台班消耗量是指在正常施工条件下，生产一定计量单位的分项工程合格产品必须消耗的施工机械的台班数量。

机械台班单价是指一台施工机械在正常运转条件下，一个工作班中所需要支出和分摊的各项费用总和，包括第一类费用和第二类费用两大类，如图 2-9 所示。

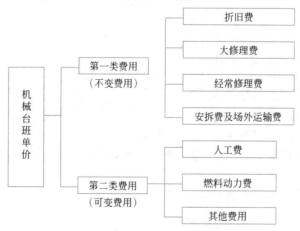

图 2-9　机械台班单价的构成

第三节　预算定额的应用

一、预算定额的套用

（一）预算定额的直接套用

什么情况下可以直接套用预算定额中的预算价格？

当某一分项工程设计图纸与定额项目的内容相一致时，可以直接套用预算定额中的预算价格和工料机消耗量，并据此计算该分项工程的直接工程费及工料机需用量。

【例2-1】　表2-2是某省砖基础和砖墙体预算定额项目表，请根据该表计算采用M5混合砂浆砌筑砖基础200m³的直接工程费及主要材料消耗量。

表2-2　某省建筑工程预算定额砖基础、砖墙示例

工作内容：1. 砖基础：调、运、铺砂浆、运砖、清理基槽坑、砌砖等。

　　　　　2. 砖墙：调、运、铺砂浆、运砖、砌砖等。

10m³

定额编号				A4-1	A4-2	A4-3
项目				砖基础	内墙	
					115mm 厚以内	365mm 厚以内
预算价格/元				3774.92	4456.41	4100.66
其中	人工费/元			1341.25	1973.75	1630.00
	材料费/元			2371.53	2431.18	2410.30
	机械费/元			62.14	51.48	60.36
名称		单位	单价/元	数量		
人工	综合工日	工日	125.00	10.73	15.79	13.04
材料	普通砖 240mm×115mm×53mm	块	0.36	5185.50	5590.62	5321.31
	混合砂浆 M5	m³	205.46	2.42	2.00	2.37
	工程用水	m³	4.96	1.52	1.54	1.55
机械	灰浆搅拌机 200L	台班	177.53	0.35	0.29	0.34

【解】　首先确定该分项工程应该套用哪个定额编号，直接套还是间接套？

根据题意，查表2-2，砌筑砖基础分项工程应该套A4-1，又由于该分项工程采用的是M5混合砂浆，与预算定额A4-1中完全一致，因此，砖基础可以直接套用A4-1的预算价格和工料机的消耗量。

其次，计算完成200m³砌筑砖基础工程的直接工程费＝3774.92/10×200＝75498.4（元）

最后，计算完成200m³砌筑砖基础工程的主要材料消耗量混合砂浆M5＝2.42/10×

$200=48.4$（m^3）

标准砖：$5185.5/10\times200=103.71$（千块）。

（二）预算定额的间接套用（预算定额的换算）

（1）为何要进行预算定额的换算？

当某一分项工程设计图纸的要求和定额项目的内容不一致时，为了能计算出设计图纸内容要求的分项工程的直接工程费及工料消耗量，必须对预算定额中分项工程与设计内容要求之间的差异进行调整。这种使预算定额中分项工程内容适应设计内容要求的差异调整就是产生预算定额换算的原因。

（2）预算定额的换算依据是什么？

预算定额的换算实际上是预算定额应用的进一步扩展和延伸，为保持预算定额水平，在定额说明中规定了若干条预算定额换算的具体规定，该规定是预算定额换算的主要依据。

（3）预算定额的换算包括哪些主要内容？

预算定额的换算主要包括人工费和材料费的换算。人工费换算主要是由用工量的增减而引起的，而材料费换算则是由材料消耗量的改变及材料代换所引起的，特别是材料费和材料消耗量的换算占预算定额换算相当大的比重。预算定额换算内容的主要规定如下：

① 当设计图纸要求的砂浆、混凝土强度等级和预算定额不同时，可按半成品（即砂浆、混凝土）的配合比进行换算。

② 如果设计内容要求的砂浆种类或配合比与预算定额不同时可以换算，凡在定额项目中列出砂浆厚度的（同类砂浆列总厚度，不同砂浆分别列出厚度），厚度与设计厚度不同时可以调整。

（4）预算定额的换算有哪些类型？各类如何进行换算？

预算定额的换算主要有以下三种类型：混凝土的换算、砂浆的换算和系数换算。

① 混凝土的换算。混凝土的换算包括构件混凝土和楼地面混凝土的换算，但主要是构建混凝土强度的换算。构件混凝土的换算主要是混凝土强度不同的换算，其特点是：当混凝土用量不发生变化，只换算强度时，其换算公式如下：

换算后的预算价格＝原定额预算价格＋定额混凝土用量×（换入混凝土单价－换出混凝土单价）

② 砂浆的换算。砂浆的换算包括砌筑砂浆的换算和抹灰砂浆的换算。

● 砌筑砂浆如何换算？

砌筑砂浆的换算方法及计算公式和构件混凝土的换算方法及计算公式基本相同。

● 抹灰砂浆如何换算？

在某省装饰工程预算定额说明中规定：凡在定额项目中列出砂浆厚度的（同类砂浆列总厚度，不同砂浆分别列出厚度），厚度与设计厚度不同时可以调整。

换算后的预算价格＝原定额预算价格＋∑（换入砂浆单价×换入砂浆用量）－（换出砂浆单价×换出砂浆用量）

式中 换入砂浆用量＝定额用量/定额厚度×设计厚度

换出砂浆用量＝定额中规定的砂浆用量

③ 系数换算。系数换算是指按照预算定额说明中所规定的系数乘以相应的定额基价（或定额中工、料之一部分）后，得到一个新单价的换算。

【例2-2】 表2-1是某省建筑工程预算定额现浇混凝土柱定额项目表，请根据该表计算采用C30碎石混凝土现浇截面尺寸为600mm×600mm的钢筋混凝土柱子55m^3的直接工程费。已知石子最大粒径 40mm 的碎石混凝土 C20 的单价为 216.97 元，C30 的单价为 259.32 元。

【解】 根据题意，该现浇混凝土柱子是矩形的，因此，该分项工程应该套 A5-13，但由于该分项工程采用的是 C30 碎石混凝土，而定额 A5-13 中的混凝土强度等级是 C20 碎石混凝土。因此，根据规定，当设计规定的混凝土强度等级与预算定额不同时需要进行换算。根据换算公式：

换算后的预算价格＝原预算价格＋定额混凝土用量×（C30 碎石混凝土单价－C20 碎石混凝土单价）＝3553.58＋9.86×（259.32－216.97）＝3971.15（元）

55m³ 的钢筋混凝土柱子分项工程的直接工程费＝3971.15÷10×55＝21841.33（元）。

二、施工图预算的编制方法

（一）什么是施工图预算？包括哪些费用内容

施工图预算是施工图设计预算的简称，也叫建筑安装工程造价。它是指在施工图设计完成后，根据已批准的施工图纸，考虑施工图的施工方案或施工组织设计，按照现行预算定额、费用标准、材料预算价格和建设主管部门规定的费用计算程序及其他取费规定等确定的单位工程、单项工程及建设项目建筑安装工程造价的技术经济文件。

施工图预算包括定额工料机（包括技术措施费）、施工组织措施费、企业管理费、利润、动态调整和税金六项内容，如图 2-10 所示。

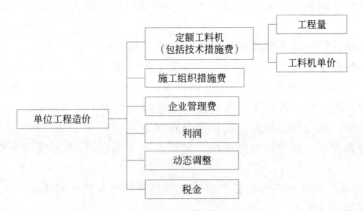

图 2-10　施工图预算费用的构成

（二）利用预算定额编制施工图预算有哪两种方法

利用预算定额编制施工图预算主要有单价法和实物法两种。

（1）单价法

① 什么是单价法？

单价法是根据施工图纸计算出各分项工程的工程量，将各分项工程的工程量分别乘以地区统一预算定额中各分项工程的预算单价，汇总得到单位工程的定额工料机费（包括技术措施费）、施工组织措施费、企业管理费、利润和税金，按规定的计费基数乘以相应的费率计算，最后汇总即可得到单位工程的施工图预算（即建安造价）。

② 用单价法编制施工图预算的主要公式有哪些？

用单价法编制施工图预算的主要公式为：

单位工程施工图预算定额工料机费＝∑(分项工程的工程量×分项工程的预算单价)

施工组织措施费、企业管理费、利润和税金＝规定的计费基数×相应费率

含税单位工程施工图预算＝定额工料机费＋施工组织措施费＋企业管理费＋

利润＋动态调整＋税金

温馨提示：利用单价法编制施工图预算，由于分项工程套用的是编制定额时期的价格，因此，最后要根据相关规定进行动态调整。

③ 利用单价法编制施工图预算的步骤是什么？

利用单价法编制施工图预算的步骤如图 2-11 所示。

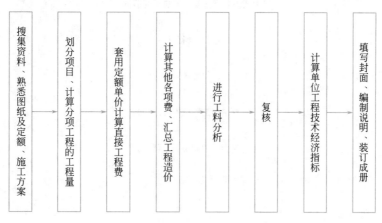

图 2-11　单价法编制施工图预算的步骤

(2) 实物法

① 什么是实物法？

实物法是根据施工图纸计算出各分项工程的工程量，将各分项工程的工程量分别乘以地区统一预算定额中各分项工程一定计量单位的人工、材料、施工机械台班消耗数量，计算出各分项工程的人工、材料、施工机械台班消耗数量，分别乘以当时、当地的市场单价，计算出人工费、材料费、机械费，最后相加得到单位工程的直接工程费。施工组织措施费、企业管理费、利润和税金按规定的计费基数乘以相应的费率计算，最后汇总即可得到单位工程的施工图预算（即建安造价）。

② 用实物法编制施工图预算的主要公式有哪些？

用实物法编制施工图预算的主要公式为：

单位工程施工图
预算定额工料机费 ＝∑(分项工程的工程量×人工预算定额用量×当时当地人工工资单价)

＋∑(分项工程的工程量×材料预算定额用量×当时当地材料价格)

＋∑(分项工程的工程量×机械预算定额用量×当时当地机械台班单价)

施工组织措施费、企业管理费、利润和税金＝规定的计费基数×相应费率

含税工程造价＝定额工料机费＋施工组织措施费＋企业管理费＋利润＋税金

温馨提示：利用实物法编制施工图预算，能比较准确地反映编制预算时各种人工、材料和机械台班的市场价格水平，因此，利用实物法不需要进行动态的调整。

③ 利用实物法编制施工图预算的步骤是什么？

利用实物法编制施工图预算的步骤如图 2-12 所示。

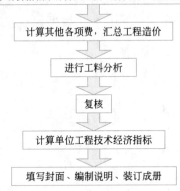

搜集资料、熟悉图纸及定额、施工方案

列项、计算分项工程工程量

套用定额人、材、机消耗量，计算人、材、机消耗量

将消耗量与人、材、机市场价格相乘计算人工费、材料费、机械费，并汇总求得直接工程费

计算其他各项费，汇总工程造价

进行工料分析

复核

计算单位工程技术经济指标

填写封面、编制说明、装订成册

图 2-12   实物法编制施工图预算的步骤

本章小结

  工程定额是指在正常的施工条件下，以及在合理的劳动组织、最优化的使用材料和机械的条件下，完成建设工程单位合格产品所必须消耗的各种资源的数量标准。工程定额可按照生产要素、编制程序和定额的用途分为不同种类。本章重点介绍了预算定额的组成以及预算定额的应用。

本章思考题

  （1）什么是工程定额？按生产要素和编制的程序和用途分类，分别分为哪几类？
  （2）简述施工定额、预算定额、概算定额、概算指标和投资估算指标分别是以什么为标定对象确定其资源消耗量的。
  （3）什么是劳动定额？机械台班使用定额？按照表现形式分为哪两种？二者的关系是什么？
  （4）什么是材料消耗量定额？
  （5）预算定额中人工消耗量包括哪些内容？
  （6）简述预算定额中人工单价、材料单价和机械台班单价包含的内容。
  （7）预算定额的套用包括哪两种方法？
  （8）利用预算定额编制单位工程的施工图预算有哪两种方法？简述其计算步骤。

第三章 工程量清单及其计价

 问题导入

2013版清单规范包括哪些主要内容？其适用范围是什么？什么是工程量清单、招标工程量清单和已标价工程量清单？如何编制招标工程量清单？如何对清单工程量的综合单价进行组价，如何编制招标控制价和投标报价？

 本章内容框架

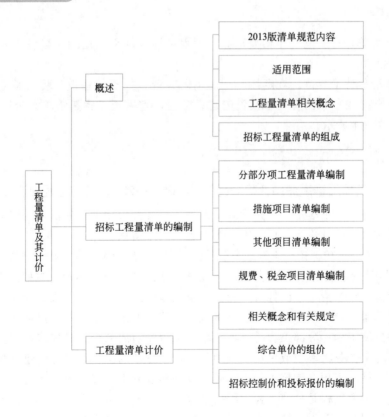

第一节 概 述

一、 2013 版清单规范的主要内容

2013 版清单规范是统一招标工程量清单编制、规范工程量清单计价的国家标准，其主要内容包括两部分：计价规范和计算规范。计价规范由 16 部分内容组成。计算规范共分 9 个专业，每个专业工程量计算规范基本上由 6 部分内容组成。如图 3-1 所示。

本书重点讲解《建设工程工程量清单计价规范》（GB 50500—2013）（以下简称《清单计价规范》）和《房屋建筑与装饰工程工程量计算规范》（GB 50854—2013）（以下简称《工程量计算规范》）两部分内容。

二、适用范围

2013 版《清单计价规范》和相关专业《工程量计算规范》适用于建设工程发承包及实施阶段的计价活动。

2013 版《清单计价规范》规定：（1）使用国有资金投资的建设工程发承包，必须采用工程量清单计价；（2）非国有资金投资的建设工程，宜采用工程量清单计价。2013 版清单规范的内容如图 3-1 所示。

三、工程量清单的相关概念

（一）《建设工程工程量清单计价规范》(GB 50500—2013) 中与工程量清单相关的术语

（1）工程量清单。工程量清单是指载明建设工程分部分项工程项目、措施项目、其他项目的名称和相应数量以及规费、税金项目等内容的明细清单。

（2）招标工程量清单。招标工程量清单是指招标人依据国家标准、招标文件、设计文件以及施工现场实际情况编制的，随招标文件发布供投标报价的工程量清单，包括其说明和表格。

（3）已标价工程量清单。已标价工程量清单是指构成合同文件组成部分的投标文件中已标明价格，经算术性错误修正（如有）且承包人已确认的工程量清单，包括其说明和表格。

（4）分部分项工程。分部工程是单项或单位工程的组成部分，是按结构部位、路段长度及施工特点或施工任务将单项或单位工程划分为若干分部的工程，如房屋建筑与装饰工程分为土石方工程、桩基工程、砌筑工程、混凝土及钢筋混凝土工程、楼地面装饰工程、天棚工程等分部工程。分项工程是分部工程的组成部分，是按不同施工方法、材料、工序及路段长度等将分部工程划分为若干个分项或项目的工程，如现浇混凝土基础分为带形基础、独立基

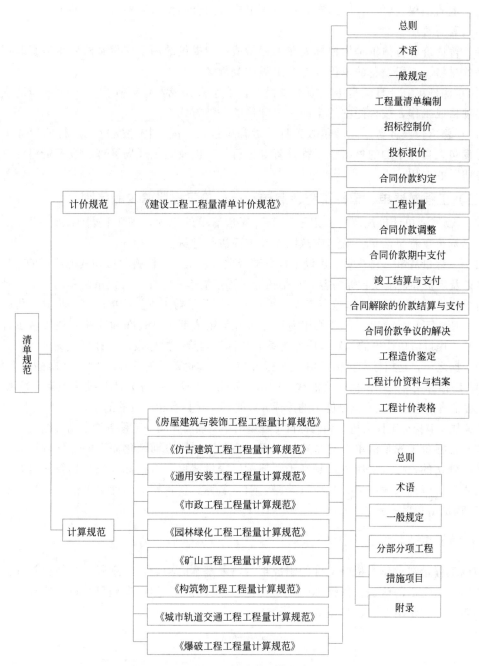

图 3-1　2013 版清单规范的内容

础、满堂基础、桩承台基础、设备基础等分项工程。

（5）措施项目。措施项目是指为完成工程项目施工，发生于该工程施工准备和施工过程中的技术、生活、安全、环境保护等方面的项目。

（6）项目编码。项目编码是指分部分项工程和措施项目清单名称的阿拉伯数字标识。

（7）项目特征。项目特征是指构成分部分项工程项目、措施项目自身价值的本质特征。

（8）暂列金额。暂列金额是指招标人在工程量清单中暂定并包括在合同价款中的一笔款项。用于工程合同签订时尚未确定或者不可预见的所需材料、工程设备、服务的采购，施工中可能发生的工程变更、合同约定调整因素出现时的合同价款调整，以及发生的索赔、现场签证确认等的费用。

（9）暂估价。暂估价是指招标人在工程量清单中提供的用于支付必然发生但暂时不能确定价格的材料、工程设备的单价及专业工程的金额。

（10）计日工。计日工是指在施工过程中，承包人完成发包人提出的工程合同范围以外的零星项目或工作，按合同中约定的单价计价的一种方式。

（11）总承包服务费。总承包服务费是指总承包人为配合协调发包人进行的专业工程发包，对发包人自行采购的材料、工程设备等进行保管以及施工现场管理、竣工资料汇总整理等服务所需的费用。

（二）工程量清单、招标工程量清单和已标价工程量清单的区别

2013 版《清单计价规范》提出了三个工程量清单的概念，即工程量清单、招标工程量清单、已标价工程量清单。对其应从以下几方面进行理解。

（1）工程量清单。它载明了建设工程分部分项工程项目、措施项目和其他项目的名称和相应数量以及规费和税金项目等内容，它是招标工程量清单和已标价工程量清单的基础，招标工程量清单和已标价工程量清单是在工程发承包的不同阶段对工程量清单的进一步具体化。

（2）招标工程量清单。它必须作为招标文件的组成部分，其准确性和完整性由招标人负责。它是工程量清单计价的基础，应作为编制招标控制价、投标报价、计算或调整工程量、索赔等的依据之一，是招标、投标、签订履行合同、工程价款核算等工作顺利开展的重要依据。它强调其随招标文件发布供投标报价这一作用。因此，无论是招标人还是投标人都应慎重对待。招标工程量清单它应由具有编制能力的招标人或受其委托具有相应资质的工程造价咨询人或招标代理人编制。但招标工程量清单和已标价工程量清单不能委托同一工程造价咨询人编制。

（3）已标价工程量清单。它是从"工程量清单"作用方面细化而来的，强调该清单是为承包人所确认的投标报价所用，是基于"招标工程量清单"由投标人或受其委托具有相应资质的工程造价咨询人编制的，其项目编码、项目名称、项目特征、计量单位、工程量必须与"招标工程量清单"一致。

四、招标工程量清单的组成

招标工程量清单作为招标文件的组成部分，最基本的功能是信息载体，使得投标人能对招标工程有个全面的认识。依据 2013 版《清单计价规范》，招标工程量清单主要包括工程量清单说明和工程量清单表，如图 3-2 所示。

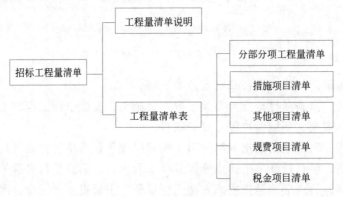

图 3-2　招标工程量清单组成

（1）工程量清单说明。包括工程概况、现场条件、编制工程量清单的依据及有关资料，以及对施工工艺、材料应用的特殊要求。

（2）工程量清单。它是清单项目和工程数量的载体。合理的清单项目设置和准确的工程数量，是清单计价的前提和基础。

五、招标工程量清单的作用

招标工程量清单的主要作用如下：

（1）招标工程量清单为投标人的投标竞争提供了一个平等和共同的基础。

招标工程量清单由招标人负责编制，将要求投标人完成的工程项目及其相应工程实体数量全部列出，为投标人提供拟建工程的基础信息。这样，在建设工程的招标投标中，投标人的竞争活动就有了一个共同的基础，其机会是均等的。

（2）招标工程量清单是建设工程计价的依据。

在招标投标过程中，招标人根据招标工程量清单编制招标工程的招标控制价；投标人按照招标工程量清单所表述的内容，依据企业定额计算投标价格，自主填报工程量清单所列项目的单价与合价。

（3）招标工程量清单是工程付款和结算的依据。

招标工程量清单是工程量清单计价的基础。在施工阶段，发包人根据承包人完成的工程量清单中规定的内容及合同单价支付工程款。工程结算时，承发包双方按照工程量清单计价表对已实施的分部分项工程或计价项目，按照合同单价和相关合同条款核算结算价款。

（4）招标工程量清单是调整工程价款、处理工程索赔的依据。

在发生工程变更和工程索赔时，可以选用或参照招标工程量清单中的分部分项工程计价及合同单价来确定变更价款和索赔费用。

第二节　招标工程量清单的编制

一、《清单计价规范》对工程量清单编制的一般规定

（1）招标工程量清单应由具有编制能力的招标人或受其委托、具有相应资质的工程造价咨询人编制。

（2）招标工程量清单必须作为招标文件的组成部分，其准确性和完整性由招标人负责。

（3）招标工程量清单是工程量清单计价的基础，应作为编制招标控制价、投标报价、计价、计算或调整工程量、索赔等的依据之一。

（4）招标工程量清单应以单位（项）工程为单位编制，应由分部分项工程量清单、措施项目清单、其他项目清单、规费和税金项目清单组成。

二、分部分项工程量清单及其编制

（一）何为分部分项工程项目清单

分部分项工程项目清单是指构成拟建工程实体的全部分项实体项目名称和相应数量的明细清单。

（二）分部分项工程项目清单由哪些内容构成

2013 版《清单计价规范》规定：分部分项工程项目清单必须载明项目编码、项目名称、项目特征、计量单位和工程量，这是一条强制性条文，规定了一个分部分项工程项目清单由上述五个要素构成，在分部分项工程项目清单的组成中缺一不可。分部分项工程项目清单必须根据相关专业现行国家计算规范附录规定的项目编码、项目名称、项目特征、计量单位和工程量计算规则进行编制，其构成内容如表 3-1 所示。

表 3-1　分部分项工程工程量清单表

项目编码	项目名称	项目特征	计量单位	工程量

（三）分部分项工程项目清单的项目编码是如何设置的

分部分项工程工程量清单的项目编码是以 5 级 12 位阿拉伯数字设置的，1 至 9 位应按相关专业计算规范中附录的规定统一设置，10 至 12 位应根据拟建工程的工程量清单项目名称和项目特征设置。同一招标工程的项目编码不得有重码，一个项目只有一个编码，对应一个清单项目的综合单价。

项目编码结构及各级编码的含义如图 3-3 所示。

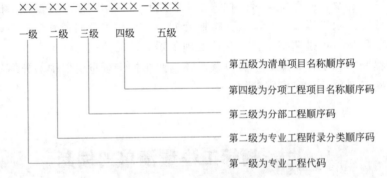

图 3-3　项目编码结构及含义

第一级专业工程包括 9 类。分别是：房屋建筑与装饰工程（01）；仿古建筑工程（02）；通用安装工程（03）；市政工程（04）；园林绿化工程（05）；矿山工程（06）；构筑物工程（07）；城市轨道交通工程（08）；爆破工程（09）。

第二级为专业工程附录分类顺序码。例如，0105 表示房屋建筑与装饰工程中附录 E 混凝土与钢筋混凝土工程，其中的三、四位 05 即为专业工程附录分类顺序码。

第三级为分部工程顺序码。例如，010501 表示附录 E 混凝土与钢筋混凝土工程中 E.1 现浇混凝土基础，其中的五、六位 01 即为分部工程顺序码。

第四级为分项工程项目名称顺序码。例如，010501002 表示房屋建筑与装饰工程中现浇混凝土带形基础，其中的七、八、九位即为分项工程项目名称顺序码。

第五级清单项目名称顺序码。由清单编制人编制，并从 001 开始。

例如：一个标段（或合同段）的工程量清单中含有三种规格的泥浆护壁成孔灌注桩，此时工程量清单应分别列项编制，则第一种规格的灌注桩的项目编码为 010302001001，第二种规格的灌注桩的项目编码为 010302001002，第三种规格的灌注桩的项目编码为 010302001003。其中：01 表示该清单项目的专业工程类别为房屋建筑与装饰工程；03 表示该清单项目的专业工程附录顺序码为 C，即桩基工程；02 表示该清单项目的分部工程为灌注桩；001 表示该清单项目的分项工程为泥浆护壁成孔灌注桩；最后三位 001（002、003）表示为区分泥浆护壁成孔灌注桩的不同规格而编制的清单项目顺序码。

（四）如何确定分部分项工程项目的清单项目名称

清单项目名称是工程量清单中表示各分部分项工程清单项目的名称。它必须体现工程实体，反映工程项目的具体特征。设置时一个最基本的原则就是准确。

《房屋建筑与装饰工程工程量计算规范》（GB 50854—2013）附录 A 至附录 S 中的"项目名称"为分项工程项目名称，是以"工程实体"命名的。在编制分部分项工程项目清单时，清单项目名称的确定有两种方式，一是完全按照规范的项目名称不变，二是以《房屋建筑与装饰工程工程量计算规范》（GB 50854—2013）附录中的项目名称为基础，考虑清单项目的规格、型号、材质等特征要求，结合拟建工程的实际情况，对附录中的项目名称进行适当的调整或细化，使其能够反映影响工程造价的主要因素。这两种方式都是可行的，主要应针对具体项目而定。下面举例说明清单项目名称的确定。

（1）所谓工程实体是指形成产品的生产与工艺作用的主要实体部分。设置项目时不单独针对附属的次要部分列项。例如：某建筑物装饰装修工程中，根据施工设计图可知地面为 600mm×600mm 济南青花岗岩饰面板面层，找平层为 40mm 厚 C20 细石混凝土，结合层为 1∶4 水泥砂浆，面层酸洗、打蜡。在编制工程量清单时，分项工程清单项目名称应列为"花岗岩石材楼地面"，找平层等不能再列项，只能把找平层、结合层、酸洗打蜡等特征在项目特征栏中描述出来，供投标人核算工程量及准确报价使用。

（2）关于项目名称的理解。在招标工程量清单中，分部分项工程清单项目不是单纯按项目名称来理解的。应该注意：工程量清单中的项目名称所表示的工程实体，有些是可用适当的计量单位计算的简单完整的分项工程，如砌筑实心砖墙；还有些项目名称所表示的工程实体是分项工程的组合，如块料楼地面就是由找平层、结合层、面层铺设等分项工程组成。

（3）关于项目名称的细化。例如：某框架结构工程中，根据施工图纸可知，框架梁为 300mm×500mm C30 现浇混凝土矩形梁。那么，在编制清单项目设置名称时，可将《房屋建筑与装饰工程工程量计算规范》（GB 50854—2013）中编号为"010503002"的项目名称"矩形梁"，根据拟建工程的实际情况确定为"C30 现浇混凝土矩形梁 300mm×500mm"。

（五）如何描述清单项目特征

清单项目特征是确定一个清单项目综合单价不可缺少的重要依据，在编制分部分项工程工程量清单时，必须对项目特征进行准确、全面的描述。但有些项目特征用文字往往难以准确和全面地描述清楚。因此，为达到规范、简捷、准确、全面描述项目特征的要求，项目特征应按相关工程国家计算规范规定，结合拟建工程的实际予以描述。

清单项目特征不同的项目应分别列项。清单项目特征主要涉及项目的自身特征（材质、型号、规格、品牌）、项目的工艺特征及对项目施工方法可能产生影响的特征。

（1）必须描述的内容

① 涉及正确计量的内容必须描述。如门窗工程，《房屋建筑与装饰工程工程量计算规范》（GB 50854—2013）规定既可按平方米计量，也可按"樘"计量，无论哪种计量，门窗代号及洞口尺寸都必须描述。

② 涉及结构要求的内容必须描述。如混凝土构件，因混凝土强度等级不同，其价值也不同，故必须描述其等级（如 C20、C30 等）。

③ 涉及材质要求的内容必须描述。如油漆的品种，是调和漆还是硝基清漆等；管材的材质，是碳钢管还是塑料管、不锈钢管等，还需对管材的规格、型号进行描述。

（2）可不详细描述的内容

① 无法准确描述的可不详细描述。如土壤类别，清单编制人可将其描述为综合，但应由投标人根据地勘资料自行确定土壤类别，决定报价。

② 施工图纸、标准图集标注明确的，可不再详细描述。对这类项目其项目特征描述可直接采用详见××图集××页号及节点大样的方式，以便发承包双方形成一致的理解，省时省力。因此，该方法应尽量采用。

③ 有些项目可不详细描述。如取、弃土运距，清单编制人决定运距是困难的，应由投标人根据工程施工实际情况自主决定运距，体现竞争要求。

④ 有些项目，如清单项目的项目特征与现行定额的规定是一致的，可采用见××定额项目的方式予以描述。

总之，清单项目特征的描述应根据附录中有关项目特征的要求，结合技术规范、标准图集、施工图纸，按照工程结构、使用材质及规格等，予以详细而准确的表述和说明。如果附录中未列的项目特征，拟建工程中有的，编制清单时应补充进去；如果实际工程中不存在而附录中列出的，编制清单时要删掉。

例如：装饰工程中的"块料楼地面"，《房屋建筑与装饰工程工程量计算规范》（GB 50854—2013）中规定块料楼地面的项目特征应从以下方面进行描述，如表 3-2 所示。

表 3-2　墙面镶贴块料工程量清单表

项目编码	项目名称	项目特征	计量单位	工程量计算规则
011102003001	块料楼地面	1. 找平层厚度、砂浆配合比 2. 结合层厚度、砂浆配合比 3. 面层材料品种、规格、颜色 4. 嵌缝材料种类 5. 防护层材料种类 6. 酸洗、打蜡要求	m²	按设计图示尺寸以面积计算。门洞、空圈、暖气包槽、壁龛的开口部分计入相应的工程量内

（六）如何选择计量单位

清单项目的计量单位应按规范附录中规定的计量单位确定。当计量单位有两个或两个以上时，应结合拟建工程项目的实际情况，选择最适宜表述项目特征并方便计量的其中一个为计量单位。同一工程项目的计量单位应一致。

除各专业另有特殊规定外，工程计量是每一项目汇总的有效位数应遵守以下规定：

（1）以重量计算的项目——吨或千克（t 或 kg）；

（2）以体积计算的项目——立方米（m³）；

（3）以面积计算的项目——平方米（m²）；

（4）以长度计算的项目——米（m）；

（5）以自然计量单位计算的项目——个、套、块、组、台……

（6）没有具体数量的项目——宗、项……

其中：以 t 为计量单位的，应按四舍五入保留小数点后三位数字；以 m³、m²、m、kg 为计量单位的，应按四舍五入保留小数点后两位数字；以个、件、根、组、系统等为计量单位的，应取整数。

（七）何为清单工程量？如何计算分部分项工程的清单工程量

清单工程量是根据设计的施工图纸及《房屋建筑与装饰工程工程量计算规范》（GB 50854—2013）计算规则，以物理计量单位表示的某一清单主项实体的工程量，并以完成后的净值计算，不一定反映全部工程内容。

《清单计价规范》规定，清单工程量必须按照相关专业现行国家计算规范规定的工程量计算规则计算。除此之外，还应依据以下文件：

（1）经审定通过的施工设计图纸及其说明；

（2）经审定通过的施工组织设计或施工方案；

（3）经审定通过的其他有关技术经济文件。

工程量计算规则是指对清单项目工程量的计算规定。工程项目清单中所列项目的工程量应按相应工程计算规范附录中规定的工程量计算规则计算。除另有说明外，所有清单项目的工程量以实体工程量为准，并以完成后的净值来计算。

采用工程量清单计算规则，工程实体的工程量是唯一的。统一的清单工程量，为各投标人提供了一个公平竞争的平台，也方便招标人对比各投标报价。

温馨提示：关于分部分项工程清单工程量的计算规则在后面的章节中将详细讲解。

（八）编制招标工程量清单时如果出现规范附录中未包括的项目时，怎么办

编制招标工程量清单时，如果出现规范附录中未包括的项目，编制人应进行补充，并报省级或行业工程造价管理机构备案，省级或行业工程造价管理机构应汇总报住房和城乡建设部标准定额研究所。

补充项目的编码由相关专业工程量计算规范的代码（如房屋建筑与装饰工程代码 01）与 B 和三位阿拉伯数字组成，并应从 001 起顺序编制。例如：房屋建筑与装饰工程第一个补充项目编码应为 01B001，同一招标工程的项目不得重码。

补充的工程量清单需附有补充项目的名称、项目特征、计量单位、工程量计算规则、工作内容。

（九）编制分部分项工程量清单时应注意哪些事项

（1）分部分项工程量清单是不可调整清单（即闭口清单），投标人不得对招标文件中所列分部分项工程量清单进行调整。

（2）分部分项工程量清单是工程量清单的核心，一定要编制准确，它关乎招标人编制控制价和投标人投标报价的准确性；如果分部分项工程量清单编制有误，投标人可在投标报价文件中提出说明，但不能在报价中自行修改。

（3）关于现浇混凝土工程项目，2013 版《房屋建筑与装饰工程工程量计算规范》对现浇混凝土模板采用两种方式进行编制。本规范对现浇混凝土工程项目，一方面"工作内容"中包括了模板工程的内容，与混凝土工程项目一起组成综合单价；另一方面又在措施项目中单列了现浇混凝土模板工程项目，以 m^2 计量，单独组成综合单价。对此，有三层含义：

① 招标人应根据工程的实际情况在同一个标段（或合同段）中在两种方式中选择其一；

② 招标人若采用单列现浇混凝土模板工程，必须按规范所规定的计量单位、项目编码、项目特征描述列出清单，同时，现浇混凝土项目中不含模板的工程费用；

③ 若招标人在措施项目清单中未编列现浇混凝土模板项目清单，即表示现浇混凝土模板项目不单列，现浇混凝土工程项目的综合单价中应包括模板工程费用。

（4）对于预制混凝土构件，2013 版《房屋建筑与装饰工程工程量计算规范》是以现场

制作编制项目的,"工作内容"中包括模板工程,模板的措施费用不再单列。若采用成品预制混凝土构件时,成品价(包括模板、混凝土等所有费用)计入综合单价中,即成品的出厂价格及运杂费等计入综合单价。

综上所述,对于预制混凝土构件,2013版《房屋建筑与装饰工程工程量计算规范》只列不同构件名称的一个项目编码、项目特征描述、计量单位、工程量计算规则及工作内容,其中已综合了模板制作和安装、混凝土制作、构件运输、安装等内容,设置清单项目时,不得将模板、混凝土、构件运输、安装分开列项,组成综合单价时应包含如上内容。

(5)对于金属构件,按照目前市场多以工厂成品化生产的实际情况,2013版《房屋建筑与装饰工程工程量计算规范》是以成品编制项目的,构件成品价应计入综合单价中。若采用现场制作,包括制作的所有费用应计入综合单价,不得再单列金属构件制作的清单项目。

(6)关于门窗工程中的门窗,2013版《房屋建筑与装饰工程工程量计算规范》结合了目前"市场门窗均以工厂化成品生产"的情况,是按成品编制项目的,成品价(成品原价、运杂费等)应计入综合单价。若采用现场制作,包括制作的所有费应计入综合单价,不得再单列门窗制作的清单项目。

温馨提示:2013版《房屋建筑与装饰工程工程量计算规范》中,关于"现浇混凝土模板工程"进行工程量清单编制时规定了两种编制方式;而"预制混凝土构件"不得将模板、混凝土、构件运输安装分列项,与"现浇混凝土工程"有区别;对于"门窗工程"中的门窗、金属构件,结合市场实际情况做了新的规定,要特别注意以上几方面。

三、措施项目清单的编制

(一)措施项目包括哪两类

措施项目包括两类:一类是单价项目,即能列出项目编码、项目名称、项目特征、计量单位、工程量计算规则的项目,如:脚手架工程、混凝土模板、垂直运输等;另一类是总价项目,即仅能列出项目编码、项目名称,未列出项目特征、计量单位和工程量计算规则的项目,如:安全文明施工费、冬雨季施工增加费、已完工程及设备保护费等。

(二)如何编制措施项目清单

(1)对于能列出项目编码、项目名称、项目特征、计量单位、工程量计算规则的单价措施项目,编制工程量清单时应执行相应专业工程工程量计算规范分部分项工程的规定,按照分部分项工程量清单的编制方式编制,如表3-3所示。

表3-3   措施项目清单(一)

序号	项目编码	项目名称	项目特征	计量单位	工程量

(2)对于仅能列出项目编码、项目名称,不能列出项目特征、计量单位和工程量计算规则的总价措施项目,编制工程量清单时,应按相应专业工程工程量计算规范相应附录措施项目规定的项目编码、项目名称确定。对于房屋建筑与装饰工程而言,应按照2013版《房屋建筑与装饰工程工程量计算规范》附录措施项目规定的项目编码、项目名称确定,其他措施项目的清单,如表3-4所示。

表 3-4　措施项目清单（二）

序号	项目编码	项目名称

由于影响措施项目设置的因素比较多，2013 版相关专业工程量计算规范不可能将施工中可能出现的措施项目一一列出。在编制措施项目清单时，因工程情况不同，出现相关专业规范及附录中未列的措施项目，可根据工程的具体情况对措施项目清单做补充，且补充项目的有关规定及编码的设置同分部分项工程的规定。不能计量的措施项目，需附有补充项目的名称、工作内容及包含范围。

（三）编制措施项目清单时应该考虑哪些因素

措施项目清单的编制应考虑多种因素，除了工程本身的因素外，还要考虑水文、气象、环境、安全和施工企业的实际情况。具体而言，措施项目清单的设置，需要考虑以下几方面：

（1）参考拟建工程的常规施工技术方案，以确定大型机械设备进出场及安拆、混凝土模板及支架、脚手架、施工排水、施工降水、垂直运输、组装平台等项目；

（2）参考拟建工程的常规施工组织设计，以确定环境保护、文明安全施工、临时设施、材料的二次搬运等项目；

（3）参阅相关的施工规范与工程验收规范，以确定施工方案没有表述的但为实现施工规范与工程验收规范要求而必须发生的技术措施；

（4）确定设计文件中不足以写进施工方案，但要通过一定的技术措施才能实现的内容；

（5）确定招标文件中提出的某些需要通过一定的技术措施才能实现的要求。

（四）关于措施项目清单需要注意哪些事项

（1）措施项目清单为可调整清单（即开口清单），投标人对招标文件中所列措施项目，可根据企业自身特点和工程实际情况作适当的变更增加。

（2）投标人要对拟建工程可能发生的措施项目和措施费用作通盘考虑，清单计价一经报出，即被认为是包括了所有应该发生的措施项目的全部费用。如果报出的清单中没有列项，且施工中又必须发生的项目，业主有权认为其已经综合在分部分项工程量清单的综合单价中，将来措施项目发生时投标人不得以任何借口提出索赔与调整。

四、其他项目清单的编制

（一）其他项目清单包括哪些内容

其他项目清单应按照 2013 版《清单计价规范》提供的四项内容作为列项参考，其不足部分，编制人可根据工程的具体情况进行补充。这四项内容如下：

（1）暂列金额；

（2）暂估价，包括材料暂估单价、工程设备暂估单价、专业工程暂估价；

（3）计日工；

（4）总承包服务费。

其他项目清单与计价汇总表，见表 3-5。

表 3-5   其他项目清单与计价汇总表

序号	项目名称	金额/元	结算金额/元	备注
1	暂列金额			详见明细表
2	暂估价			
2.1	材料（工程设备）暂估价/结算价			若材料（工程设备）暂估单价计入清单项目综合单价，此处不汇总
2.2	专业工程暂估价/结算价			详见明细表
3	计日工			详见明细表
4	总承包服务费			详见明细表
5	索赔与现场签证			详见明细表
	合计			

如果工程项目存在 2013 版《清单计价规范》未列的项目，应根据工程实际情况进行补充。

其他项目清单中，暂列金额、暂估价、计日工、总承包服务费这四项内容由招标人填写（包括金额），其他内容应由投标人填写。材料暂估单价进入清单项目综合单价，此处不汇总。

（二）其他项目清单的编制

1. 暂列金额

（1）如何理解暂列金额？

① 暂列金额是在招投标阶段暂且列定的一项费用，它在项目实施过程中有可能发生、也有可能不发生。

② 暂列金额为招标人所有，只有按照合同约定程序实际发生后，才能成为中标人的应得金额，纳入合同结算价款中。扣除实际发生金额后的暂列金额余额属于招标人所有。

③ 设立暂列金额并不能保证合同结算价格就不会出现超过已签约合同价的情况，是否超出已签约合同价完全取决于对暂列金额预测的准确性，以及工程建设过程是否出现了其他事先未预测到的事件。

温馨提示：暂列金额属于招标人所有。

（2）如何编制暂列金额？

为保证工程施工的顺利实施，应针对施工过程中可能出现的各种不确定因素对工程造价的影响，在招标控制价中估算一笔暂列金额。

暂列金额可根据工程的复杂程度、设计深度、工程环境条件（包括地质、水文、气候条件等）进行估算，一般可按分部分项工程费和措施项目费的 10％～15％作参考。

暂列金额明细应依据表 3-6 编制。暂列金额表应由招标人填写，不能详列时可只列暂定金额总额，投标人应将上述暂列金额计入投标总价中。

表 3-6   暂列金额明细表

序号	项目名称	计量单位	暂定金额/元	备注
	合 计			

2. 暂估价

（1）如何理解暂估价？

① 暂估价是在招投标阶段直至签订合同协议时，招标人在招标文件中提供的用于支付必然要发生但暂时不能确定价格的材料以及需另行发包的专业工程金额。

② 为了便于合同管理和计价，需要纳入工程量清单项目综合单价中的暂估价最好只是材料费，以方便投标人组价。对专业工程暂估价一般应是综合暂估价，包括处规费、税金以外的管理费、利润等。

（2）如何编制暂估价？

暂估价包括材料暂估单价、工程设备暂估单价和专业工程暂估价；其中材料、工程设备暂估单价应根据工程造价信息或参照市场价格估算，列出明细表；专业工程暂估价应分不同专业，按有关计价规定估算列出明细表。三类暂估价分别依据表 3-7、表 3-8 编制。

表 3-7　材料（工程设备）暂估单价及调整表

序号	材料（工程设备）名称、规格、型号	计量单位	数量		暂估/元		确认/元		差额±/元		备注
			暂估	确认	单价	合价	单价	合价	单价	合价	
											说明材料拟用于的清单项目
	合计										

表 3-8　专业工程暂估价表

序号	工程名称	工程内容	暂估金额/元	结算金额/元	差额±/元	备注
	合计					

材料（工程设备）暂估单价表由招标人填写"暂估单价"，并在备注栏说明暂估价的材料、工程设备拟用在哪些清单项目上，投标人应将上述材料、工程设备暂估单价计入工程量清单综合单价报价中。

专业工程暂估价表由招标人填写"暂估金额"，投标人应将上述专业工程暂估金额计入投标总价中，结算时按合同约定结算金额填写。

3. 计日工

（1）如何理解计日工？

① 计日工是为了解决现场发生的零星工作的计价而设立的。计日工适用的零星工作一般是指合同约定之外的或者因变更而产生的、工程量清单中没有相应项目的额外工作，尤其是那些时间不允许事先商定价格的额外工作。

② 计日工以完成零星工作所消耗的人工工时、材料数量、机械台班进行计量，并按照计日工表中填报的适用项目的单价进行计价支付。

③ 编制招标工程量清单时，计日工表中的人工应按工种，材料和机械应按规格、型号详细列项。其中人工、材料、机械数量应由招标人根据工程的复杂程度、工程设计质量的优劣及设计深度等因素，按照经验来估算一个比较贴近实际的数量，并作为暂定量写到计日工表中，纳入有效投标竞争，以期获得合理的计日工单价。

④ 理论上讲，计日工单价水平一定是高于工程量清单的价格水平的。一是计日工往往是用于一些突发性的额外工作，缺少计划性，客观上造成超出常规的额外投入；二是计日工往往忽略给出一个暂定的工程量，无法纳入有效的竞争。

（2）如何编制计日工？

计日工应列出项目名称、计量单位和暂估数量。计日工应依据表 3-9 编制。

表 3-9　计日工表

编号	项目名称	单位	暂定数量	实际数量	综合单价/元	合价/元	
						暂定	实际
一	人工						
1							
2							
人工小计							
二	材料						
1							
2							
材料小计							
三	施工机械						
1							
2							
施工机械小计							
四、企业管理费和利润							
总计							

计日工表中项目名称、暂定数量由招标人填写，编制招标控制价时，单价由招标人按有关计价规定确定；投标时，单价由投标人自主报价，按暂定数量计算合价计入投标总价中。结算时，按发承包双方确认的实际数量计算合价。

4. 总承包服务费

（1）如何理解总承包服务费？

① 只有当工程采用总承包模式时，才会发生总承包服务费。

② 招标人应当预计该项费用并按投标人的投标报价向投标人支付该项费用。

（2）如何编制总承包服务费？

总承包服务费应列出服务项目及其内容等，依据表 3-10 编制。

表 3-10　总承包服务费计价表

序号	项目名称	项目价值/元	服务内容	计算基础	费率/%	金额/元
1	发包人发包专业工程					
2	发包人提供材料					
3						
合计		—	—		—	

总承包服务费计价表中，项目名称、服务内容由招标人填写，编制招标控制价时，费率及金

额由招标人按有关计价规定确定；投标时，费率及金额由投标人自主报价，计入投标总价中。

（三）关于其他项目清单需要注意什么

（1）其他项目清单中由招标人填写的项目名称、数量、金额，投标人不得随意改动。

（2）投标人必须对招标人提出的项目与数量进行报价；如果不报价，招标人有权认为投标人就未报价内容提供无偿服务。

（3）如果投标人认为招标人编制的其他项目清单列项不全时，可以根据工程实际情况自行增加列项，并确定本项目的工程量及计价。

五、规费、税金项目清单的编制

（一）如何编制规费项目清单

规费项目清单组成应按照 2013 版《清单计价规范》提供的内容列项，如图 3-4 所示。如果工程项目存在《清单计价规范》未列的项目，应根据省级政府或省级有关部门的规定列项。

（二）如何税金项目清单

税金项目清单依据 2013 版《清单计价规范》提供的内容列项，如图 3-5 所示。

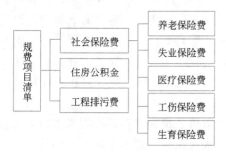

图 3-4　规费项目清单组成

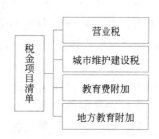

图 3-5　税金项目清单

如果工程项目存在《清单计价规范》未列的项目，应根据税务部门的规定列项。当国家税法发生变化或地方政府及税务部门依据职权对税种进行调整时，应对税金项目清单进行相应调整。

温馨提示：根据营业税改征增值税试点实施办法财税 [2016] 36 号的规定，上述营业税已经改为增值税，而且增值税已经调整过三次。

六、招标工程量清单的装订

（一）招标工程量清单的装订顺序是什么

招标工程量清单编制结束后，应依据 2013 版《清单计价规范》规定采用统一格式，并按如下顺序进行装订：

（1）封面；

（2）扉页；

（3）总说明；

（4）分部分项工程和单价措施项目清单与计价表；

（5）总价措施项目清单与计价表；

（6）其他项目清单与计价汇总表；

（7）暂列金额明细表；

（8）材料（工程设备）暂估单价及调整表；

（9）专业工程暂估价及结算价表；

（10）计日工表；

（11）总承包服务费计价表；

（12）规费、税金项目计价表；

（13）发包人提供材料和工程设备一览表；

（14）承包人提供主要材料和工程设备一览表。

（二）招标工程量清单格式的填写应注意哪些问题

（1）工程量计价表宜采用统一格式。各省、自治区、直辖市建设行政主管部门和行业建设主管部门可根据本地区、本行业的实际情况，在2013版《清单计价规范》计价表格的基础上补充完善。但工程计价表格的设置应满足工程计价的需要，方便使用。

（2）招标工程量清单应由招标人填写。

（3）招标工程量清单编制应按规范使用表格，包括：封-1（招标工程量清单封面）、扉-1（招标工程量清单扉页）、表-01（工程计价总说明）、表-08（分部分项工程和单价措施项目清单与计价表）、表-11（总价措施项目清单与计价表）、表-12（包括：其他项目清单与计价汇总表，暂列金额明细表，材料（工程设备）暂估单价及调整表，专业工程暂估价及结算价表，计日工表，总承包服务费计价表（不含表-12-6～表-12-8）、表-13（规费、税金项目计价表）、表-20（发包人提供材料和工程设备一览表）、表-21（承包人提供主要材料和工程设备一览表——适用于造价信息差额调整法）或表-22（承包人提供主要材料和工程设备一览表——适用于价格指数差额调整法）。

（4）扉页应按规定的内容填写、签字、盖章，由造价员编制的招标工程量清单应由负责审核的造价工程师签字、盖章。受委托编制的招标工程量清单，应由造价工程师签字、盖章以及工程造价咨询人盖章。

（5）总说明应按下列内容填写。

① 工程概况：建设规模、工程特征、计划工期、施工现场实际情况、自然地理条件、环境保护要求等。

② 工程招标和专业工程发包范围。

③ 招标工程量清单编制依据。

④ 工程质量、材料、施工等的特殊要求。

⑤ 其他需说明的问题。

第三节　工程量清单计价

一、工程量清单计价的相关概念和有关规定

（一）相关概念

（1）什么是综合单价？

综合单价是指完成一个规定清单项目所需的人工费、材料费和工程设备费、施工机具使

用费和企业管理费、利润以及一定范围内的风险费用。

（2）如何理解综合单价的含义？

① 综合单价中"综合"包含两层含义：一是包含所完成清单项目所需的全部工作内容；二是包含完成单位清单项目所需的各种费用。

② 此处的综合单价是一种狭义上的综合单价，并不是真正意义上的全费用综合单价，规费和税金等不可竞争的费用并不包括在综合单价中。

（3）风险费用。隐含于已标价工程量清单综合单价中，用于化解发承包双方在合同中约定内容和范围内的市场价格波动风险的费用。

（4）单价项目。是指招标工程量清单中以单价计价的项目，即根据合同工程图纸（含设计变更）和相关工程现行国家计算规范规定的工程量计算规则进行计算，与已标价工程量清单相应综合单价进行价款计算的项目。

（5）总价项目。是指招标工程量清单中以总价计价的项目，即此类项目在相关工程现行国家计算规范中无工程量计算规则，以总价（或计算基础乘费率）计算的项目。

（二）有关规定

（1）使用国有资金投资的建设工程施工发承包，必须采用工程量清单计价。

（2）非国有资金投资的建设工程，宜采用工程量清单计价。

（3）工程量清单宜采用综合单价计价。

温馨提示：本条为强制性条文，必须严格执行。

（4）措施项目中的安全文明施工费必须按国家或省级、行业建设主管部门的规定计算，不得作为竞争性费用。

（5）规费和税金必须按国家或省级、行业建设主管部门的规定计算，不得作为竞争性费用。

（6）建设工程发承包，必须在招标文件、合同中明确计价中的风险内容及其范围，不得采用无限风险、所有风险或类似语句规定计价中的风险内容及其范围。

二、工程量清单计价的编制内容

根据《建设工程工程量清单计价规范》（GB 50500—2013）规定，利用综合单价计算完成招标工程量清单中所有清单的各项费用，然后汇总得到建设项目的工程造价，即：

（1）分部分项工程费＝∑分部分项工程量×分部分项工程综合单价

（2）措施项目费＝∑单价措施项目工程量×措施项目综合单价＋∑总价项目措施费

（3）其他项目费＝暂列金额＋计日工＋总承包服务费

（4）单位工程造价＝分部分项工程费＋措施项目费＋其他项目费＋规费＋税金

（5）单项工程报价＝∑单位工程报价

（6）建设项目总造价＝∑单项工程报价

三、工程量清单计价的依据

工程量清单计价的编制依据见图3-6。

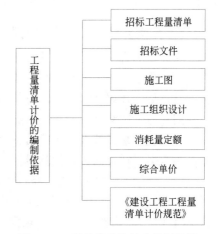

图3-6　工程量清单的计价编制依据

（一）招标工程量清单

招标人随招标文件发布的工程量清单，是承包商投标报价的重要依据。承包商在计价时需全面了解清单项目特征及其所包含的工程内容，才能做到准确计价。

（二）招标文件

招标文件中具体规定了承发包工程范围、内容、期限、工程材料及设备采购供应办法，只有在计价时按规定进行，才能保证计价的有效性。

（三）施工图

清单工程量是分部分项工程量清单项目的主项工程量，不一定反映全部工程内容，所以承包商在投标报价时，需要根据施工图和施工方案计算报价工程量（计价工程量）。因而，施工图也是编制工程量清单报价的重要依据。

（四）施工组织设计

施工组织设计或施工方案是施工单位针对具体工程编制的施工作业指导性文件，其中对施工技术措施、安全措施、施工机械配置、是否增加辅助项目等进行的详细设计，在计价过程中应予以重视。

（五）消耗量定额

消耗量定额有两种，一种是由建设行政主管部门发布的社会平均消耗量定额，如预算定额；另一种是反映企业平均先进水平的消耗量定额，即企业定额。企业定额是确定人工、材料、机械台班消耗量的主要依据。

（六）综合单价

从单位工程造价的构成分析，不管是招标控制价的计价，还是投标报价的计价，还是其他环节的计价，只要采用工程量清单方式计价，都是以单位工程为对象进行计价的。单位工程造价是由分部分项工程费、措施项目费、其他项目费、规费和税金组成，而综合单价是计算以上费用的关键。

（七）《建设工程工程量清单计价规范》（GB 50500—2013）

它是工程量清单计价中计算综合单价组价内容的依据。

四、分部分项工程和单价措施项目综合单价的确定

（一）何为清单工程量与计价工程量

在计算综合单价时，涉及两种工程量，即清单工程量和计价工程量。

（1）清单工程量。是分部分项工程项目清单项目和单价措施清单项目清单工程量的简称，是招标人按照《房屋建筑与装饰工程工程量计算规范》（GB 50854—2013）中规定的计算规则和施工图纸计算的、提供给投标人作为统一报价的数量标准。

清单工程量是按设计图纸的图示尺寸计算的"净量"，不含该清单项目在施工中考虑具体施工方案时增加的工程量及损耗量。

（2）计价工程量。又称报价工程量或实际施工工程量，是投标人根据拟建工程的分项清单工程量、施工图纸、所采用定额及其对应的工程量计算规则，同时考虑具体施工方案，对分部分项清单项目和单价措施清单项目所包含的各个工程内容（子项）计算出来的实际施工工程量。

计价工程量既包括了按设计图纸的图示尺寸计算的净量，又包含了对各个工程内容（子

项）施工时的增加量及损耗量。

温馨提示：计价工程量是用以满足工程量清单计价的实际施工工程量，是计算工程项目投标报价的重要基础。

（二）编制综合单价的步骤是什么

综合单价的计算采用定额组价的方法，即以计价定额为基础进行组合计算。因为《清单计价规范》和定额中的工程量计算规则、计量单位、工程内容不尽相同，综合单价的计算不是简单地将其所含的各项费用进行汇总，而需通过具体计算后综合而成。编制综合单价的步骤见图3-7。

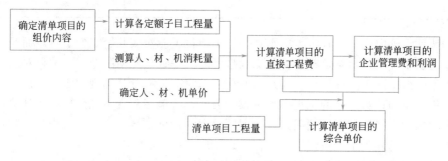

图 3-7 综合单价的编制步骤

（1）如何确定清单项目的组价内容？

组价内容是指投标人根据招标工程量清单项目及其项目特征按报价使用的计价定额的要求确定的、组成综合单价的定额分项工程。

清单项目一般是以一个"综合实体"列项的，其包含了较多的工程内容，这样计价时可能会出现一个清单项目对应多个定额子目的情况。因此，计算综合单价的第一步就是比较清单项目的工程内容与定额项目的工程内容，结合清单项目的特征描述，确定拟组价清单项目应该由哪几个定额子目来组合。

【例3-1】 结合《房屋建筑与装饰工程工程量计算规范》（GB 50854—2013）和各地定额，以砌筑工程中的"砖基础"和楼地面装饰工程中块料面层的"块料楼地面"清单项目为例，说明可能组合的定额子目名称，分别见表3-11、表3-12。

【解】

表 3-11 砖基础

项目编码	项目名称	项目特征	计量单位	工程量计算规则	工程内容	可能组合的定额项目名称
010401001	砖基础	(1) 砖品种、规格、强度等级； (2) 基础类型； (3) 砂浆强度等级； (4) 水平防潮层材料种类	m³	按设计图示尺寸以体积计算。包括附墙垛基础宽出部分体积，扣除地梁（圈梁）、构造柱所占体积，不扣除基础大放脚T形接头处的重叠部分及嵌入基础内的钢筋、铁件、管道、基础砂浆防潮层和单个面积≤0.3m²的孔洞所占体积，靠墙暖气沟的挑檐不增加。 基础长度：外墙按外墙中心线，内墙按内墙净长线计算	(1) 砂浆制作、运输； (2) 砌砖； (3) 材料运输	砖基础
					(4) 防潮层铺设	刚性防潮

表 3-12 块料楼地面

项目编码	项目名称	项目特征	计量单位	工程量计算规则	工程内容	可能组合的定额项目名称
011102003	块料楼地面	(1) 找平层厚度、砂浆配合比； (2) 结合层厚度、砂浆配合比； (3) 面层材料品种、规格、颜色； (4) 嵌缝材料种类； (5) 防护层材料种类； (6) 酸洗打蜡要求	m²	按设计图示尺寸以面积计算。门洞、空圈、暖气包槽、壁龛的开口部分并入相应的工程量内	(1) 基层清理； (2) 抹找平层	找平层
					(3) 面层铺设、磨边； (4) 嵌缝； (5) 刷防护材料； (6) 酸洗打蜡； (7) 材料运输	全瓷地砖面层

（2）计算组价内容的工程量。由于一个清单项目可能对应几个定额子目，而清单工程量计算的是主项工程量，与各定额子目的工程量可能不一致；即便一个清单项目对应一个定额子目，也可能由于清单工程量计算规则与所采用的定额工程量计算规则之间的差异，而导致二者的计价单位和计算出来的工程量不一致。因此，清单工程量不能直接用于计价，在计价时必须考虑施工方案等各种影响因素，根据所采用的计价定额及相应的工程量计算规则重新计算各定额子目的施工工程量。

定额子目工程量应严格按照与所采用的定额相对应的工程量计算规则计算。

（3）测算人、材、机消耗量。人、材、机消耗量的测算，在编制招标控制价时一般参照政府颁发的消耗量定额进行确定；在编制投标报价时，一般采用反映企业水平的企业定额确定，若投标企业没有企业定额时可参照政府颁发的消耗量定额进行调整。

（4）确定人、材、机单价。人工单价、材料价格和施工机械台班单价，应根据工程项目的具体情况及市场资源的供求状况进行确定，采用市场价格作为参考，并考虑一定的调价系数。

（5）计算清单项目的直接工程费。根据确定的分项工程人工、材料和机械的消耗量及人工单价、材料单价和施工机械台班单价，与相应的各定额子目的计价工程量相乘即可得到各定额子目的直接工程费，汇总各定额子目的直接工程费得到清单项目的直接工程费。

$$清单项目的直接工程费 = \sum 各定额子目的直接工程费$$

$$各定额子目的直接工程费 = 计价工程量 \times [(人工消耗量 \times 人工单价) +$$
$$\sum(材料消耗量 \times 材料单价) + \sum(机械台班消耗量 \times 台班单价)]$$

（6）计算清单项目的企业管理费和利润。企业管理费和利润通常根据各地区规定的费率乘以规定的计费基础计算得出。

$$清单项目的企业管理费 = \sum 各定额子目的企业管理费$$

$$清单项目的利润 = \sum 各定额子目的利润$$

$$各定额子目的企业管理费 = 直接工程费(或直接工程费中人工费) \times 管理费费率$$

$$各定额子目的利润 = 直接工程费(或直接工程费中人工费) \times 利润率$$

（7）计算清单项目的综合单价。汇总清单项目的直接工程费、企业管理费和利润得到该清单项目合价，将该清单项目合价除以清单项目的工程量即可得到该清单项目的综合单价。

$$清单项目综合单价 = (直接工程费 + 企业管理费 + 利润) / 清单工程量$$

【例 3-2】 某工程室内楼地面自上而下的具体做法如下：紫红色瓷质耐磨地砖（600mm×600mm）面层，白水泥嵌缝；20mm 厚 1∶4 干硬性水泥砂浆结合层；30mm 厚 C20 细石混凝土找平层；现浇混凝土楼板。

招标文件中提出的紫红色瓷质耐磨地砖（600mm×600mm）的暂估价为 90 元/m²，该清单分项的清单工程量和找平层、面层的定额工程量均为 10m²。问题：

(1) 试列出该清单项目名称。

(2) 试描述该清单项目的项目特征。

(3) 试确定组价内容。

(4) 试确定该清单项目的综合单价。

【解】　(1) 确定清单项目名称。

经查 2013 版《房屋建筑与装饰工程工程量计算规范》，项目编码为 011102003 的项目名称为"块料楼地面"。这个项目名称就是一般特征，它没有区别块料的材质、大小、颜色，没有区别楼面、地面，也没有区别铺贴方式、铺贴部位等，即该清单项目的个体特征（包括影响施工的特征、工艺特征、自身特征等）并没有通过该项目名称反映出来。所以，要基于块料楼地面结合工程具体做法来确定项目名称。因此，该清单项目的名称应该是"在混凝土板上，铺贴瓷质耐磨地砖楼面"，这个项目名称反映了铺贴的部位是楼面，铺贴的块料种类是瓷质耐磨地砖。

(2) 确定项目特征。

在确定项目名称后，还应该确定该清单项目的项目特征。"在混凝土板上，铺贴瓷质耐磨地砖楼面"这个清单项目的项目特征，应根据工程设计方案和 2013 版《房屋建筑与装饰工程工程量计算规范》编码为 011102003 项目中的"项目特征"所列内容，并参考"工程内容"，去掉多余的，补充缺项的，进而详细准确地描述该清单项目的项目特征。该清单项目的项目特征描述详见该清单项目的招标工程量清单表 3-13。

表 3-13　块料楼地面招标工程量清单

序号	项目编码	项目名称	项目特征	计量单位	工程量
1	011102003001	在混凝土板上，铺贴瓷质耐磨地砖楼面	1. 30mm 厚 C20 细石混凝土找平层； 2. 20mm 厚 1:4 干硬性水泥砂浆结合层； 3. 紫红色瓷质耐磨地砖（600mm×600mm）面层，白水泥嵌缝	m²	10

(3) 确定组价内容。

根据上述表 3-12 可知，块料楼地面组价的内容包括找平层和全瓷地砖面层两个定额子项，某省 2018 版定额表如表 3-14 所示。

表 3-14　块料楼地面组价定额子目表　　　　　　　　100m²

定额编号			A4-103	A4-104	B1-18
项目			细石混凝土找平层		楼地面
			硬基层面上		全瓷地砖周长 2400mm 以内 干硬性水泥砂浆粘贴
			30mm	每增减 5mm	20mm
预算价格/元			1348.78	179.54	11829.68
其中	人工费/元		557.50	56.25	3876.60
	材料费/元		791.28	123.29	7953.08
	机械费/元		—	—	—

（4）确定综合单价。

由某省建设工程费用定额可知，建筑工程管理费和利润按总承包的取费基数是定额工料机费，费率分别为 8.48% 和 7.04%，装饰工程管理费和利润按总承包的计费基础是定额人工费，费率分别为 9.12% 和 9.88%。按照编制招标控制价的要求（按总承包，没有动态调整，不考虑风险），该清单项目综合单价分析如表 3-15 所示。

表 3-15　块料楼地面综合单价分析表

项目编码	011102003001		项目名称	块料楼地面		计量单位	m²	工程量	10
清单综合单价组成明细									
定额编号	定额项目名称	定额单位	数量	单价/元				合价/元	
				人工费　材料费　机械费　管理费和利润				人工费　材料费　材差　机械费　管理费和利润	
A4-103	细石混凝土找平层	100m²	0.1	557.5　791.28　—　—				55.75　79.13　　—　20.93	
B1-18	瓷质地砖楼面面层	100m²	0.1	3876.6　7953.08　—　—				387.66　795.31　175.64　—　73.66	
人工单价小计/元								443.41　　1050.08　　94.59	
清单项目综合单价/元								158.81	

① 细石混凝土找平层，由上表可知该定额子目套用 A4-103，根据上述定额表计算该定额子目完成 10m² 铺地砖清单工程量的各项费用。

人工费：$557.50 \times 10 \div 100 = 55.75$（元）

材料费：$791.28 \times 10 \div 100 = 79.13$（元）

机械费：0

企业管理费和利润：$(55.75 + 79.13) \times (8.48\% + 7.04\%) = 20.93$（元）。

温馨提示：由于企业管理费和利润的取费基数是一样的，所以二者可以合并计算，费率可以相加。

② 瓷质地砖面层，由上表可知该定额子目套用 B1-18，根据上述定额表计算该定额子目完成 10m² 铺地砖清单工程量的各项费用。

人工费：$3876.60 \times 10 \div 100 = 387.66$（元）

材料费：$7953.08 \times 10 \div 100 = 795.31$（元）

已知 B1-18 定额里，瓷质耐磨地砖 600mm×600mm，每 100m² 的消耗量为 102m²，单价为 72.78 元/m²，则 10m² 铺地砖的消耗量为 $102 \times 10/100 = 10.2$（m²），暂估价：90 元/m²

则动态调整为：$(90 - 72.78) \times 10.2 = 175.64$（元）

温馨提示：动态调整不参与企业管理费和利润的取费。

机械费：0

企业管理费和利润为：$387.66 \times (9.12\% + 9.88\%) = 73.66$（元）。

五、招标控制价的编制

（一）什么是招标控制价

招标控制价是指招标人根据国家或省级、行业建设主管部门颁发的有关计价依据和办法，以及拟定的招标文件和招标工程量清单，结合工程具体情况编制的招标工程的最高投标限价。

（二）关于招标控制价《清单计价规范》有哪些一般规定

（1）国有资金投资的建设工程招标，招标人必须编制招标控制价。

我国对国有资金投资项目的投资控制实行的是投资概算审批制度，国有资金投资的工程原则上不能超过批准的投资概算。国有资金投资的工程实行工程量清单招标，为了客观、合理地评审投标报价和避免哄抬标价，避免造成国有资产流失，招标人必须编制招标控制价，规定最高投标限价。

温馨提示：本条为强制性条文，必须严格执行。

（2）招标控制价应由具有编制能力的招标人或受其委托具有相应资质的工程造价咨询人编制和复核。

（3）工程造价咨询人接受招标人委托编制招标控制价，不得再就同一工程接受投标人委托编制投标报价。

（4）招标控制价应按照本规范的相关规定编制，不应上调或下浮。

（5）当招标控制价超过批准的概算时，招标人应将其报原概算审批部门审核。

（6）招标人应在招标人发布招标文件时公布招标控制价，同时应将招标控制价及有关资料报送工程所在地或有该工程管辖权的行业管理部门工程造价管理机构备查。

招标控制价的作用决定了招标控制价不同于标底，无需保密。为体现招标的公平、公正性，防止招标人有意抬高或压低工程造价，招标人应在招标文件中如实公布招标控制价。

温馨提示：关于招标控制价，需要注意以下几点：（1）何种投资项目必须编制招标控制价；（2）招标控制价与项目批准概算之间的关系；（3）招标控制价与投标报价之间的关系；（4）关于编制招标控制价的工程造价咨询人的规定。

（三）编制招标控制价的依据有哪些

招标控制价的编制依据，如图3-8所示。

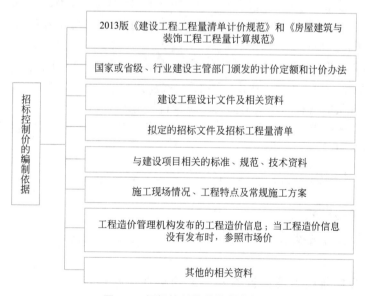

图 3-8　招标控制价的编制依据

（四）招标控制价的编制

招标控制价的编制过程，如前所述，应首先根据招标人提供的招标工程量清单编制分部分项工程项目清单计价表、措施项目清单计价表、其他项目清单计价表和规费、税金项目清单计价表，然后汇总得到单位工程招标控制价汇总表，再层层汇总，分别得出单项工程招标控制价汇总表和工程项目招标控制价汇总表。

（1）分部分项工程费的编制。

分部分项工程费应根据拟定的招标文件中的分部分项工程量清单项目的特征描述及有关要求计价，并应符合下列规定：分部分项工程费采用综合单价的方法编制。综合单价中应包括招标文件中划分的应由投标人承担的风险范围及其费用。招标文件中没有明确的，如是工程造价咨询人编制，应提请招标人明确；如是招标人编制，应予明确。

（2）措施项目费的编制。

① 措施项目中的单价项目，应根据拟定的招标文件和招标工程量清单项目中的特征描述及有关要求确定综合单价。

② 措施项目中的总价项目应根据拟定的招标文件和常规施工方案按照国家或省级、行业建设主管部门的规定计算。

（3）其他项目费的编制。

① 暂列金额。暂列金额应按招标工程量清单中列出的金额填写。

② 暂估价。

● 暂估价中的材料、工程设备单价应按招标工程量清单中列出的单价计入综合单价，暂估价中的材料应按照工程造价管理机构发布的工程造价信息或参考市场价格确定。

● 暂估价中的专业工程金额应按招标工程量清单中列出的金额填写。

③ 计日工。招标人应按招标工程量清单中所列出的项目名称及数量根据工程的特点和有关计价依据确定其综合单价。

④ 总承包服务费。招标人应根据招标工程量清单列出的内容和向承包人提出的要求参照下列标准计算：

● 招标人仅要求对分包的专业工程进行总承包管理和协调时，按分包的专业工程估算造价的 1.5% 计算；

● 招标人要求对分包的专业工程进行总承包管理和协调并同时要求提供配合服务时，根据招标文件中列出的配合服务内容和提出的要求按分包的专业工程估算造价的 3%～5% 计算；

● 招标人自行供应材料的，按招标人供应材料价值的 1% 计算。

（4）规费和税金的编制。规费和税金应按国家或省级、行业建设主管部门的规定计算，不得作为竞争性费用。

六、投标报价的编制

（一）什么是投标报价

投标报价是指投标人投标时响应招标文件要求所报出的对已标价工程量清单汇总后标明的总价。

（二）关于投标报价《清单计价规范》有哪些一般规定

（1）投标报价应由投标人或受其委托具有相应资质的工程造价咨询人编制。

（2）投标人应按照投标报价编制依据自主确定投标报价。

（3）投标报价不得低于工程成本。

温馨提示：本条为强制性条文，必须严格执行。

（4）投标人必须按招标工程量清单填报价格。项目编码、项目名称、项目特征、计量单位、工程量必须与招标工程量清单一致。

温馨提示：本条为强制性条文，必须严格执行。

（5）投标人的投标报价高于招标控制价的应予废标。

温馨提示：关于投标报价，下面几点需特别关注：（1）投标报价与招标控制价之间的关系；（2）《建设工程工程量清单计价规范》（GB 50500—2013）中关于投标报价的强制性规定；（3）投标报价时分部分项工程量清单是闭口清单，必须与招标工程量清单一致，不得改动；措施项目清单是开口清单，可依据施工组织设计增补。

（三）投标报价的编制

（1）编制投标报价的依据有哪些？

投标报价的编制依据，如图3-9所示。

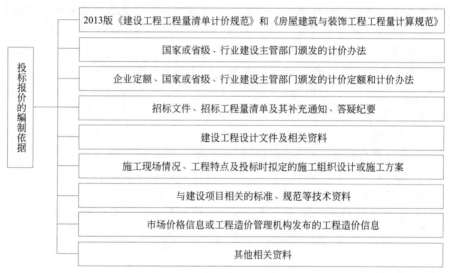

投标报价的编制依据

| 2013版《建设工程工程量清单计价规范》和《房屋建筑与装饰工程工程量计算规范》 |
| 国家或省级、行业建设主管部门颁发的计价办法 |
| 企业定额、国家或省级、行业建设主管部门颁发的计价定额和计价办法 |
| 招标文件、招标工程量清单及其补充通知、答疑纪要 |
| 建设工程设计文件及相关资料 |
| 施工现场情况、工程特点及投标时拟定的施工组织设计或施工方案 |
| 与建设项目相关的标准、规范等技术资料 |
| 市场价格信息或工程造价管理机构发布的工程造价信息 |
| 其他相关资料 |

图 3-9　投标报价的编制依据

（2）投标报价的编制。在编制投标报价前，需要先对招标工程量清单项目及工程量进行复核。

投标报价的编制内容与编制过程，与招标控制价完全相同，这里就不再赘述。所不同的就是投标报价根据清单计价规范的相关规定，按照投标报价的编制依据自主确定投标报价。

（四）投标报价需要注意的事项

（1）招标工程量清单与计价表中列明的所有需要填写的单价和合价的项目，投标人均应填写且只允许有一个报价。未填写单价和合价的项目，可视为此项费用已包含在已标价工程量清单中其他项目的单价和合价中。当竣工结算时，此项目不得重新组价予以调整。

（2）投标报价的汇总。单位工程投标报价汇总表应当与分部分项工程费、措施项目费、其他项目费和规费、税金的合计金额相一致。

（3）单项工程投标报价汇总表应当与各单位工程的合计金额相一致。

（4）建设项目的投标报价汇总表应当与各单项工程的合计金额相一致。

（5）投标报价各种计价表格应采用统一格式，具体格式参照2013版计价规范。

本章小结

工程量清单计价模式是国际上普遍采用的工程招标方式，而招标工程量清单是工程量清单计价的基础工作。本章重点介绍了工程量清单、招标工程量清单、已标价工程量清单的基本概念及其它们之间的区别，招标工程量清单的组成与编制，工程量清单计价的相关概念，综合单价的确定以及招标控制价和投标报价的编制内容和编制过程，最终做到学以致用。

本章思考题

(1) 什么是工程量清单、招标工程量清单和已标价工程量清单？它们之间有何区别？

(2) 招标工程量清单由哪五大要件构成？

(3) 分部分项工程和单价措施项目清单的项目编码是如何设置的？

(4) 何为项目特征？如何正确描述分部分项工程和单价措施项目清单项目特征？

(5) 2013 版《清单计价规范》对招标工程量清单编制有哪些一般规定？

(6) 其他项目清单包括哪几项？各如何编制？

(7) 何为工程量清单计价？其建筑安装工程造价包括哪些费用内容？

(8) 何为综合单价？如何理解这个概念？

(9) 如何理解工程量清单计价中的单价措施项目和总价措施项目？

(10) 清单工程量与计价工程量有何区别？

(11) 何为组价内容？你是如何理解该概念的？

(12) 如何编制综合单价？

(13) 如何编制招标控制价和投标价？二者的本质区别在哪？

(14) 2013 版《清单计价规范》对招标控制价和投标报价有哪些一般规定？

实训作业

某建设单位拟建一栋办公楼，采用工程量清单方式招标，现浇混凝土矩形柱招标工程量清单见表 3-16，要求：

(1) 依据你所在省份的预算定额计算该分部分项工程量清单的综合单价。

(2) 填写综合单价分析表，如表 3-17 所示。

(3) 填写分部分项工程量清单计价表，确定该分部分项工程量清单费用，如表 3-16 所示。

表 3-16　分部分项工程清单与计价表

序号	项目编码	项目名称	项目特征描述	计量单位	工程量	金额/元		
						综合单价	合价	其中 暂估价
1	010502001001	现浇混凝土矩形柱	(1) 矩形柱； (2) C25； (3) 柱截面 240mm×240mm	m³	10			

表 3-17　综合单价分析表

项目编码			项目名称			计量单位			工程量		
清单综合单价组成明细											
定额编号	定额项目名称	定额单位	数量	单价/元				合价/元			
				人工费	材料费	机械费	管理费和利润	人工费	材料费	机械费	管理费和利润
人工单价/(元/工日)			小计								
			未计价材料								
清单项目综合单价											

第四章 建筑面积及工程量计算原理

 问题导入

什么是建筑面积？建筑面积的计算规则是什么？如何根据施工图纸进行工程量立项？工程量计算的基本原理是什么？

 本章内容框架

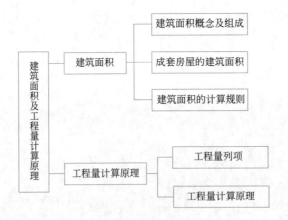

 学习目标

(1) 掌握建筑面积的基本概念和组成；
(2) 掌握建筑面积的计算规则；
(3) 掌握工程量的基本概念及其分类；
(4) 掌握工程量列项的基本原理；
(5) 掌握工程量计算的基本原理。

第一节　建筑面积计算规则

一、建筑面积及其组成

（一）什么是建筑面积？由哪几部分组成

建筑面积亦称建筑展开面积，是指房屋建筑中各层外围结构水平投影面积的总和。它是表示一个建筑物建筑规模大小的经济指标。建筑面积由使用面积、辅助面积和结构面积三部分组成。

（二）什么是使用面积、辅助面积和结构面积？请分别举例说明

使用面积是指建筑物各层平面中直接为生产或生活使用的净面积的总和。例如：居住建筑中的卧室、客厅等。

辅助面积是指建筑物各层平面为辅助生产或生活活动所占的净面积的总和。例如：居住建筑中的走道、厕所、厨房等。

结构面积是指建筑物各层平面中结构构件所占的面积总和。例如：居住建筑中的墙、柱等结构所占的面积。

二、成套房屋的建筑面积

（一）什么是成套房屋的建筑面积？由哪几部分组成

成套房屋的建筑面积是指房屋权利人所有的总建筑面积，也是房屋在权属登记时的一大要素。其组成为：

成套房屋的建筑面积＝套内建筑面积＋分摊的共有公用建筑面积

（二）什么是套内建筑面积？由哪几部分组成

房屋的套内建筑面积是指房屋权利人单独占有使用的建筑面积。其组成为：

套内建筑面积＝套内房屋有效面积＋套内墙体面积＋套内阳台建筑面积

（1）什么是套内房屋有效面积？包括哪些？

套内房屋有效面积是指套内直接或辅助为生活服务的净面积之和。包括使用面积和辅助面积两部分。

（2）什么是套内墙体面积？套内墙体包括哪两部分？如何计算其结构面积？

套内墙体面积是指应该计算到套内建筑面积中的墙体所占的面积，包括非共用墙和共用墙两部分。

非共用墙是指套内部各房间之间的隔墙，如客厅与卧室之间、卧室与书房之间、卧室与卫生间之间的隔墙，非共用墙均按其投影面积计算。

共用墙是指各套之间的分隔墙、套与公用建筑空间的分隔墙和外墙，共用墙均按其投影面积的一半计算。

（3）套内阳台建筑面积如何计算？

套内阳台建筑面积按照阳台建筑面积计算规则计算即可。

（三）什么是分摊的共有公用建筑面积？包括哪些部分

分摊的共有公用建筑面积是指房屋权利人应该分摊的各产权业主共同占有或共同使用的

那部分建筑面积。包括以下几部分：

第一部分为电梯井、管道井、楼梯间、变电室、设备间、公共门厅、过道、地下室、值班警卫室等，以及为整幢建筑服务的公共用房和管理用房的建筑面积。

第二部分为套与公共建筑之间的分隔墙，以及外墙（包括山墙）公共墙，其建筑面积为水平投影面积的一半。

温馨提示：独立使用的地下室、车棚、车库，为多幢建筑服务的警卫室、管理用房，作为人防工程的地下室通常都不计入共有建筑面积。

（1）共有公用建筑面积的处理原则是什么？

① 产权各方有合法权属分割文件或协议的，按文件或协议规定执行。

② 无产权分割文件或协议的，按相关房屋的建筑面积比例进行分摊。

（2）如何计算每套应该分摊的共有公用建筑面积？

计算每套应该分摊的共有公用建筑面积时，应该按以下三个步骤进行：

① 计算共有公用建筑面积。

共有公用建筑面积＝整栋建筑物的建筑面积－各套套内建筑面积之和－作为独立使用空间出售或出租的地下室、车棚及人防工程等建筑面积

② 计算共有公用建筑面积分摊系数。

$$共有公用建筑面积分摊系数 = \frac{共有公用建筑面积}{套内建筑面积之和}$$

③ 计算每套应该分摊的共有公用建筑面积。

每套应该分摊的共有公用建筑面积＝共有公用建筑面积分摊系数×套内建筑面积

三、建筑面积的作用

建筑面积主要有以下几个作用：

（1）建筑面积是确定建设规划的重要指标；

（2）建筑面积是确定各项技术经济指标的基础；

（3）建筑面积是计算有关分项工程量的依据；

（4）建筑面积是选择概算指标和编制概算的主要依据。

四、建筑面积计算规则

（一）与建筑面积计算相关的概念

（1）什么是相对标高、建筑标高和结构标高？

相对标高是指以建筑物室内首层主要地面高度为零作为标高的起点，所计算的标高称为相对标高。

建筑标高是指装修后的相对标高，如首层地面建筑标高为±0.000m。

结构标高是指没有装修前的相对标高，是构件安装或施工的高度。

（2）什么是单层建筑物的高度？

单层建筑物的高度是指室内地面标高（±0.000）至屋面板板面结构最低处标高之间的垂直距离。如图 4-1 所示的单层建筑物的高度为 3.850m。

（3）什么是多层建筑物的层高和净高？

多层建筑物的层高是指上下两层楼面建筑标高或楼面结构标高之间的垂直距离。如图 4-2 所示的多层建筑物的层高为 3.020m。多层建筑物的净高是指楼面或地面至上部楼板

底面或吊顶底面之间的垂直距离。如图 4-2 所示的多层建筑物的净高为 2.900m。

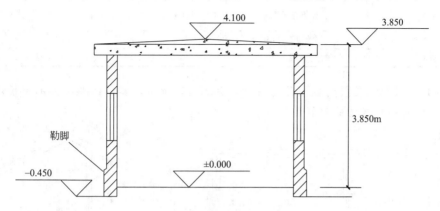

图 4-1　单层建筑物的高度

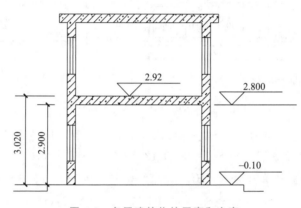

图 4-2　多层建筑物的层高和净高

（4）什么是自然层？

自然层是指楼房自然状态有几层，一般是按楼板、地板结构分层的楼层。

（二）计算建筑面积的范围

根据《建筑工程建筑面积计算规范》（GB/T 50353—2013）规定，主要计算建筑面积的范围如下。

（1）建筑物的建筑面积应按自然层外墙结构外围水平面积之和计算。结构层高在 2.20m 及以上的，应计算全面积；结构层高在 2.20m 以下的，应计算 1/2 面积。

（2）建筑物内设有局部楼层时，对于局部楼层的二层及以上楼层，有围护结构的应按其围护结构外围水平面积计算，无围护结构的应按其结构底板水平面积计算。结构层高在 2.20m 及以上的，应计算全面积；结构层高在 2.20m 以下的，应计算 1/2 面积。

（3）形成建筑空间的坡屋顶，结构净高在 2.10m 及以上的部位应计算全面积；结构净高在 1.20m 及以上至 2.10m 以下的部位应计算 1/2 面积；结构净高在 1.20m 以下的部位不应计算建筑面积。

温馨提示：计算单层建筑物的建筑面积时，要视平屋顶还是坡屋顶而定。判定平屋顶还是坡屋顶时，要置身于建筑物内抬头看是平顶还是坡顶，而不能从外表看。单层建筑物的建筑面积计算规则见表 4-1。

表 4-1 单层建筑物的建筑面积计算规则

类型	计算全面积	计算 1/2 面积	不计算面积
平屋顶	层高≥2.20m	层高<2.20m	—
坡屋顶	净高≥2.10m	1.20m≤净高<2.10m	净高<1.20m

【例 4-1】 某局部楼层的坡屋顶建筑物，如图 4-3 所示，其中楼梯下方的空间不具备使用功能，请计算该建筑物的建筑面积。

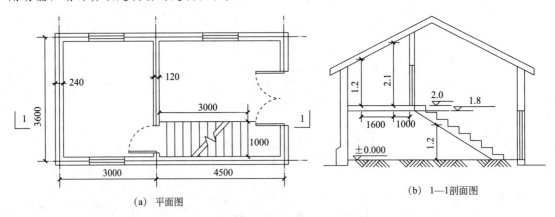

(a) 平面图   (b) 1—1剖面图

图 4-3 某局部楼层的坡屋顶建筑物

【解】 ① 计算单层建筑物一层大房间的建筑面积。一层最低层高为 2m<2.20m，因此，局部楼层下方应计算 1/2 面积，即 $S_1=(3+0.12+0.06)\times(3.6+0.24)\div2=6.11$（$m^2$）

② 一层其他部分应计算全面积，$S_2=(4.5+0.12-0.06)\times(3.6+0.24)=17.51$（$m^2$）

③ 一层建筑面积为：$S_3=S_1+S_2=6.11+17.51=23.62$（$m^2$）

④ 计算二层小房间的建筑面积。

二层小房间由于是坡屋顶，所以其建筑面积可分为三部分：

第一部分长度为：$(3+0.12-0.06-1.6-1)=0.46$（m），因其净高<1.20m，所以不计算该部分的建筑面积

第二部分长度为：1.6m，因其净高介于 1.20m 和 2.10m 之间，所以应计算 1/2 面积，即：

$$S_4=1.6\times(3.6+0.24)\div2=3.07\ (m^2)$$

第三部分长度为：$1+0.12=1.12m$，因其净高≥2.10m，所以应计算全面积，即：

$$S_5=1.12\times(3.6+0.24)=4.3\ (m^2)$$

所以，局部楼层的建筑面积为 $S_6=3.07+4.3=7.37$（m^2）

⑤ 该建筑物的总建筑面积为：$S=S_3+S_6=23.62+7.37=30.99$（$m^2$）。

(4) 场馆看台的建筑面积如何计算？

场馆看台下的建筑空间，结构净高在 2.10m 及以上的部位应计算全面积；结构净高在 1.20m 及以上至 2.10m 以下的部位应计算 1/2 面积；结构净高在 1.20m 以下的部位不应计算建筑面积，有顶盖无围护结构的场馆看台应按其顶盖水平投影面积的 1/2 计算面积。如图 4-4 所示。室内单独设置的有围护设施的悬挑看台，应按看台结构底板水平投影面积计算建筑面积。

温馨提示：当多层建筑坡屋顶内和场馆看台下的空间没有使用功能时，尽管其净高超过1.20m，也不计算它的面积。

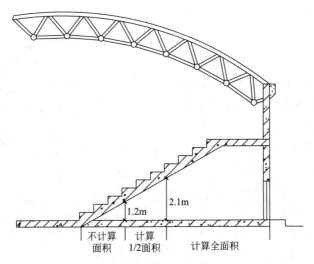

图 4-4　场馆看台下建筑面积计算规则

（5）地下室、半地下室（车间、商店、车站、车库、仓库等）的建筑面积如何计算？

地下室、半地下室应按其结构外围水平面积计算。结构层高在 2.20m 及以上的，应计算全面积；结构层高在 2.20m 以下的，应计算 1/2 面积。

温馨提示：半地下室是指房间地平面低于室外地平面的高度超过该房间净高 1/3，且不超过 1/2，如图 4-5 所示，h 表示半地下室房间的净高，H 表示半地下室地平面低于室外地平面的高度。即：$\dfrac{h}{3}<H<\dfrac{h}{2}$。

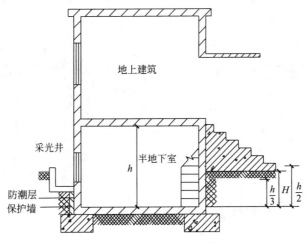

图 4-5　半地下室示意图

温馨提示：地下室、半地下室（车间、商店、车站、车库、仓库等）的建筑面积计算规则和单层建筑物的计算规则类似，不同之处在于单层建筑物外墙有保温隔热层的，应按保温隔热层的外边线计算，而地下室不按防潮层的外边线计算。

【例 4-2】　请计算图 4-6 所示地下室的建筑面积（建筑墙厚 240mm）。

【解】　① 首先确定地下室的层高是否大于 2.20m。该地下室层高 2.40m＞2.20m，应计算全面积。

② 地下室的建筑面积＝地下室外墙上口外边线所围水平面积＋相应的有永久性顶盖的

出入口外墙上口外边线所围水平面积＝(5.2×2+2+0.12×2)+(5×2+0.12×2)+[6×2+0.68×(2+0.12×2)]＝36.4（m²）

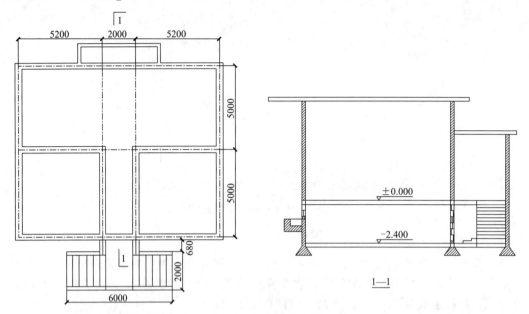

图 4-6 地下室建筑物

（6）建筑物架空层及坡地的建筑物吊脚架空层的建筑面积怎么计算？

建筑物架空层及坡地建筑物吊脚架空层，应按其顶板水平投影计算建筑面积。结构层高在 2.20m 及以上的，应计算全面积；结构层高在 2.20m 以下的，应计算 1/2 面积。坡地吊脚架空层、深基础架空层如图 4-7、图 4-8 所示。

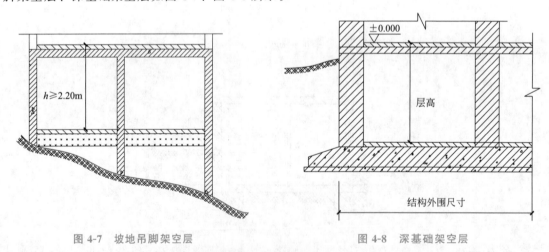

图 4-7 坡地吊脚架空层　　　　　　　图 4-8 深基础架空层

（7）门厅、大厅内回廊的建筑面积应如何计算？

建筑物的门厅、大厅应按一层计算建筑面积，门厅、大厅内设置的走廊应按走廊结构底板水平投影面积计算建筑面积。结构层高在 2.20m 及以上的，应计算全面积；结构层高在 2.20m 以下的，应计算 1/2 面积。

【例 4-3】 计算图 4-9 所示三层建筑物的建筑面积。其中，一层设有大厅并带有回廊，建筑物外墙轴线尺寸为 21600mm×10200mm，墙厚 240mm。

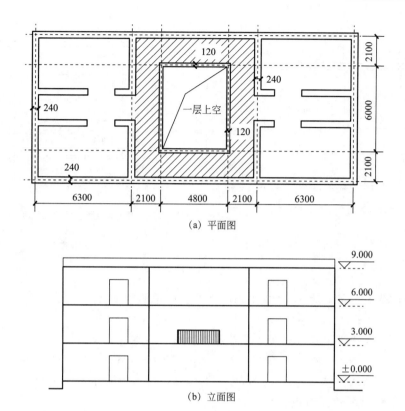

(a) 平面图

(b) 立面图

图 4-9　回廊示意图

【解】　① 三层建筑面积之和＝$(21.6+0.24)×(10.2+0.24)×3=684.03$（m²）

② 应扣减的部分＝$(4.8-0.12)×(6-0.12)=27.52$（m²）

③ 该建筑物的建筑面积＝$684.03-27.52=656.51$（m²）。

（8）建筑物间的架空走廊应如何计算其建筑面积？

建筑物间的架空走廊（图 4-10），有顶盖和围护结构的，应按其围护结构外围水平面积计算全面积；无围护结构、有围护设施的，应按其结构底板水平投影面积计算 1/2 面积。

温馨提示：架空走廊是建筑物之间的水平交通空间，在医院的门诊大楼和住院部之间常见架空走廊。如果建筑物之间的架空走廊没有永久性顶盖，则不计算其建筑面积。

（9）立体书库、立体仓库和立体车库的建筑面积怎么计算？

图 4-10　架空走廊示意图

立体书库、立体仓库、立体车库，有围护结构的，应按其围护结构外围水平面积计算建筑面积；无围护结构、有围护设施的，应按其结构底板水平投影面积计算建筑面积。无结构层的应按一层计算，有结构层的应按其结构层面积分别计算。结构层高在 2.20m 及以上的，应计算全面积；结构层高在 2.20m 以下的，应计算 1/2 面积。

【例 4-4】　试计算如图 4-11 所示立体仓库的建筑面积。

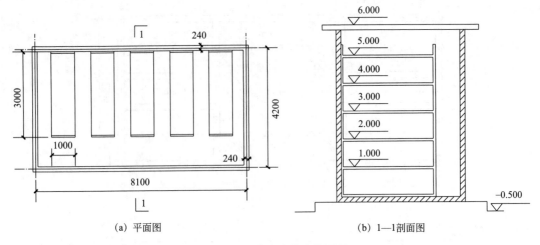

(a) 平面图　　　　　　　　　　　(b) 1—1剖面图

图 4-11　立体仓库的建筑面积

【解】　① 货台的层高为 1m＜2.20m，所以应计算 1/2 面积。

货台的建筑面积为：$S_{货台}＝3\times1\times0.5\times6\times5＝45$（$m^2$）

② 除货台外其余部分应按一层计算其建筑面积，其建筑面积为：

$S_{余}＝(8.1＋0.24)\times(4.2＋0.24)－3\times1\times5＝22.03$（$m^2$）

③ 立体仓库的建筑面积为：$S＝S_{货台}＋S_{余}＝45＋22.03＝67.03$（$m^2$）。

（10）落地橱窗的建筑面积怎么计算？

落地橱窗是指在商业建筑临街面设置的突出外墙面且根基落地的橱窗，主要用来展览各种样品。其建筑面积应按其围护结构外围水平面积计算。结构层高在 2.20m 及以上的，应计算全面积；结构层高在 2.20m 以下的，应计算 1/2 面积。

（11）凸（飘）窗的建筑面积怎么计算？

凸（飘）窗是指凸出建筑物外墙面的窗户，其建筑面积计算规则是当窗台与室内楼地面高差在 0.45m 以下且结构净高在 2.10m 及以上的凸（飘）窗，应按其围护结构外围水平面积计算 1/2 面积。

温馨提示：不能把楼（地）板延伸出去的窗称为凸窗（飘窗）。凸窗（飘窗）的窗台应只是墙面的一部分且距（楼）地面应有一定的高度。

（12）走廊、檐廊、挑廊的建筑面积怎么计算？

有围护设施的室外走廊（挑廊），应按其结构底板水平投影面积计算 1/2 面积；有围护设施（或柱）的檐廊，应按其围护设施（或柱）外围水平面积计算 1/2 面积。如图 4-12 所示。

图 4-12　走廊、檐廊、挑廊示意图

温馨提示：檐廊是附属于建筑物底层外墙有屋檐作为顶盖，其下部一般有柱或栏杆、栏板等的水平交通空间。

（13）门斗的建筑面积怎么计算？

门斗是在房屋或厅室的入口处设置的一个必经的小间，有保温隔热的作用，防止在打开外门时冷（或热）空气直接侵入室内，有利于空调节能。

门斗应按其围护结构外围水平面积计算建筑面积。结构层高在 2.20m 及以上的，应计算全面积；结构层高在 2.20m 以下的，应计算 1/2 面积。

（14）门廊、有柱雨篷、无柱雨篷的建筑面积怎么计算？

门廊应按其顶板水平投影面积的 1/2 计算建筑面积；有柱雨篷应按其结构板水平投影面积的 1/2 计算建筑面积；无柱雨篷的结构外边线至外墙结构外边线的宽度在 2.10m 及以上的，应按雨篷结构板的水平投影面积的 1/2 计算建筑面积。

【例 4-5】　求图 4-13 所示有柱雨篷的建筑面积。

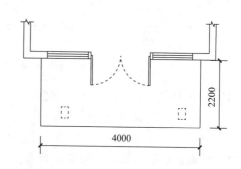

图 4-13　有柱雨篷

【解】　① 雨篷结构外边线至外墙结构外边线的宽度 2.2m＞2.10m，应计算 1/2 面积。
② $S=4\times2.2\times0.5=4.4$（$m^2$）。

（15）建筑物顶部的楼梯间、水箱间、电梯机房，其建筑面积应如何计算？

设在建筑物顶部的、有围护结构的楼梯间、水箱间、电梯机房等，结构层高在 2.20m 及以上的应计算全面积；结构层高在 2.20m 以下的，应计算 1/2 面积。

（16）建筑物内的楼梯、电梯井应如何计算建筑面积？

建筑物的室内楼梯、电梯井、提物井、管道井、通风排气竖井、烟道，应并入建筑物的自然层计算建筑面积。有顶盖的采光井应按一层计算面积，结构净高在 2.10m 及以上的，应计算全面积；结构净高在 2.10m 以下的，应计算 1/2 面积。如图 4-14 所示。

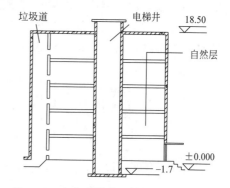

图 4-14　室内电梯井、垃圾道剖面示意图

（17）室外楼梯的建筑面积应如何计算？

室外楼梯应并入所依附建筑物自然层，并应按其水平投影面积的 1/2 计算建筑面积。

（18）阳台的建筑面积应如何计算？

在主体结构内的阳台，应按其结构外围水平面积计算全面积；在主体结构外的阳台，应按其结构底板水平投影面积计算 1/2 面积。

(19) 车棚、货棚、站台、加油站、收费站的建筑面积应如何计算?

有顶盖无围护结构的车棚、货棚、站台、加油站、收费站等,应按其顶盖水平投影面积的 1/2 计算建筑面积。

温馨提示:车棚、货棚、站台、加油站、收费站等,如果没有永久性顶盖,不计算建筑面积。

【例 4-6】 求图 4-15 所示火车站台的建筑面积。

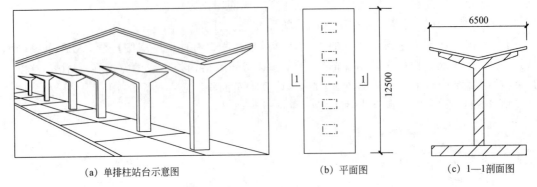

(a) 单排柱站台示意图　　　(b) 平面图　　　(c) 1—1剖面图

图 4-15　单排柱站台

【解】 $S = 12.5 \times 6.5 \times 0.5 = 40.625$ (m^2)。

(20) 幕墙的建筑面积应如何计算?

以幕墙作为围护结构的建筑物,应按幕墙外边线计算建筑面积。

(21) 外保温层的建筑面积应如何计算?

建筑物的外墙外保温层,应按其保温材料的水平截面积计算,并计入自然层建筑面积。

(22) 变形缝的建筑面积应怎么计算?

与室内相通的变形缝,应按其自然层合并在建筑物建筑面积内计算。对于高低联跨的建筑物,当高低跨内部连通时,其变形缝应计算在低跨面积内。

(三) 不计算建筑面积的范围

根据《建筑工程建筑面积计算规范》(GB/T 50353—2013)规定,不计算建筑面积的主要范围如下。

(1) 与建筑物内不相连通的建筑部件。

(2) 骑楼、过街楼底层的开放公共空间和建筑物通道。骑楼是指楼层部分跨在人行道上的临街楼,过街楼是指有道路通过建筑物空间的楼房,如图 4-16 所示。

(a) 过街楼　　　(b) 骑楼

图 4-16　过街楼、骑楼示意图

（3）勒脚、附墙柱、垛、台阶、消防梯、墙面抹灰、装饰面、镶贴块料面层、装饰性幕墙，主体结构外的空调室外机搁板（箱）、构件、配件，挑出宽度在2.10m以下的无柱雨篷和顶盖高度达到或超过两个楼层的无柱雨篷，如图4-17所示。

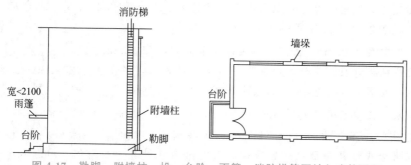

图4-17 勒脚、附墙柱、垛、台阶、雨篷、消防梯等不计入建筑面积

（4）窗台与室内地面的高度差在0.45m以下且结构净高在2.10m以下的凸（飘）窗，窗台与室内地面高差在0.45m及以上的凸（飘）窗。

（5）室外爬梯、室外专用消防钢楼梯。

（6）无围护结构的观光电梯。

（7）建筑物以外的地下人防通道，独立的烟囱、烟道、地沟、油（水）罐、气柜、水塔、贮油（水）池、贮仓、栈桥等构筑物。

案例分析

某新建项目，地面以上共15层，地下二层，有一层地下室，层高2.3m，并把深基础加以利用做了一层地下架空层，架空层层高为2.6m。

（1）地下架空层外围结构水平面积为830m²。地下室的上口外围水平面积为830m²，如加上采光井、防潮层及保护墙，其外围水平面积总共为900m²。

（2）首层外墙勒脚以上结构外围水平面积为830m²；大楼正面入口处设有一门斗，层高2.1m，其围护结构外围水平投影面积为20m²；背面入口处设有矩形雨篷，其挑出墙外的宽度为2m，其顶盖挑出外墙以外的水平投影面积为16m²；大楼正面和背面的入口处各设有一组台阶，水平投影面积均为12m²；首层设有中央大厅，贯通一、二层，大厅面积为240m²；首层没有阳台。

（3）第二层设有回廊，面积为60m²。

（4）第二层至第十五层建筑结构外围水平面积均为830m²，各层全封闭式阳台的水平投影面积均为30m²；其中第三层为设备管道层，层高为2m，其余层层高均为3.6m。

（5）楼顶上部设有楼梯间和电梯机房，层高均为2.2m，其围护结构水平投影面积为40m²。

（6）该建筑的附属工程为一座自行车棚，无围护结构，其顶盖的水平投影面积为200m²；室外有一处贮水池，其水平投影面积为50m²。问题：

① 该建筑物的总建筑面积是多少？

② 该建筑的附属工程的建筑面积是多少？

【分析】

(1) 地下室包括相应的有永久性顶盖的出入口，应按其外墙上口（不包括采光进、外墙防潮层及其保护墙）外边线所围水平面积计算。层高在2.20m及以上者应计算全面积；层高不足2.20m者应计算1/2面积。

本题地下室层高2.3m>2.20m，应计算全面积，即830m^2。

(2) 深基础架空层，设计加以利用并有围护结构的，层高在2.20m及以上的部位应计算全面积；层高不足2.20m的部位应计算1/2面积。

本题深基础架空层的层高2.6m>2.20m，应计算全面积，即830m^2。

(3) 建筑物外有围护结构的门斗，应按其围护结构外围水平面积计算。层高在2.20m及以上者应计算全面积；层高不足2.20m者应计算1/2面积。雨篷不分有柱和无柱，当雨篷结构的外边线至外墙结构的外边线的宽度超过2.10m者，应按雨篷结构板的水平投影面积的1/2计算。

本题门斗的层高2.1m<2.20m，所以应计算1/2面积，即10m^2；雨篷挑出外墙的尺寸2m<2.10m，所以不计算建筑面积。

(4) 台阶不属于计算建筑面积的范围。

本题首层的建筑面积应该是830m^2+20m^2×0.5=840m^2。

(5) 建筑物的大厅，按一层计算建筑面积。大厅内设有回廊时，应按其结构底板水平面积计算，层高在2.20m及以上的部位应计算全面积；不足2.20m的部位，应计算1/2面积。

本题第二层的建筑面积应该是830m^2-240m^2+60m^2+30m^2×0.5=665m^2。

(6) 设备管道夹层不计算建筑面积，但是设备管道层、非夹层，应按自然层计算建筑面积。三层层高2m<2.20m，应计算1/2面积，即830m^2×0.5=415m^2。

(7) 建筑物顶部有围护结构的楼梯间和电梯机房，层高在2.20m及以上者应计算全面积；层高不足2.20m者应计算1/2面积。

本题楼顶的楼梯间和电梯机房层高均为2.2m，应计算全面积，即40m^2。

(8) 有永久性顶盖的无围护结构的车棚，应按其顶盖水平投影面积的1/2计算。

本题中的车棚和室外贮水池均属于附属工程，无围护结构，有永久性顶盖，应按其顶盖水平投影面积的1/2计算，即100m^2；室外贮水池属于构筑物，不计算建筑面积。

【解】(1) 该建筑物的总建筑面积见表4-2。

表4-2 该建筑物的总建筑面积

层数	建筑面积计算式	计算结果/m^2
架空层		830
地下室		830
首层	830+20×0.5=840	840
二层	830-240+60+30×0.5=665	665
三层	830×0.5=415	415
四至十五层	(830+30×0.5)×12=10140	10140
楼顶层		40
总建筑面积	830+830+840+665+415+10140+40=13760	13760

(2) 该建筑的附属工程的建筑面积是100m^2。

第二节　工程量计算原理

一、工程量列项

（一）什么是工程量列项

在计算工程量（不管是清单工程量还是计价工程量）时遇到的第一个问题不是怎么计算的问题，而是计算什么的问题，计算什么的问题在这里就叫做列项。列项不准确会直接影响后面工程量的计算结果。因此，计算工程量时不要拿起图纸就计算，这样很容易漏算或者重算，在计算工程量之前首先要学会列项，即弄明白整个工程要计算哪些工程量，然后再根据不同的工程量计算规则计算所列项的工程量。

（二）列项的目的是什么

列项的目的就是为了计算工程量时不漏项、不重项，学会自查或查别人。图纸有很多内容，而且很杂，如果没有一套系统的思路，计算工程量时将无法下手，很容易漏项。为了不漏项，对图纸有一个系统、全面的了解，就需要列项。

（三）如何对建筑物进行列项

列项是一个从粗到细，从宏观到微观的过程。通过以下 4 个步骤对建筑物进行工程量列项，可以达到不重项、不漏项的目的，如图 4-18 所示。

图 4-18　建筑物列项分解图

（1）对建筑物如何进行分层？

针对建筑物的工程量计算而言，列项的第一步就是先把建筑物分层，建筑物从下往上一般分为七个基本层，分别是：基础层、$-n \sim -2$ 层、-1 层、首层、$2 \sim n$ 层、顶层和屋面层，如图 4-19 所示。

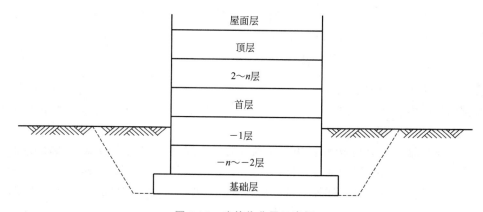

图 4-19　建筑物分层示意图

这七个基本层每层都有其不同的特点。其中：

① 基础层与房间（无论是地下房间还是地上房间）列项完全不同，因此，单独作为一层。

② $-n\sim-2$ 层与首层相比，全部埋在地下，外墙不是装修，而是防潮、防水，而且没有室外构件，由于 $-n\sim-2$ 层列项方法相同，因此将 $-n\sim-2$ 层看作一层。

③ -1 层与首层相比，部分在地上，部分在地下。因此，外墙既有外墙装修又有外墙防水。

④ 首层与其他层相比，有台阶、雨篷、散水等室外构件。

⑤ $2\sim n$ 层不管是不是标准层，与首层相比，没有台阶、雨篷、散水等室外构件。由于 $2\sim n$ 层其列项方法相同，因此将 $2\sim n$ 层看作一层。

⑥ 顶层与 $2\sim n$ 层的区别是有挑檐。

⑦ 屋面层与其他层相比，没有顶部构件、室内构件和室外构件。

分层以后，还不能计算每一层的工程量，需要进行第二步：分块。

（2）对建筑物分解后的每层如何进行分块？

对于建筑物分解的每一层建筑，一般分解为六大块：围护结构、顶部结构、室内结构、室外结构、室内装修及室外装修。

分块之后，仍不能计算每一块的工程量，这时需要进行第三步：分构件。

（3）对每层建筑分解的六大块如何进行分构件？

① 围护结构包含哪些构件？

围护结构包括以下几种构件：柱子、梁（墙上梁或非下空梁）、墙（内外）、门、窗、门联窗、墙洞、过梁、窗台板及护窗栏杆等，如图 4-20 所示。

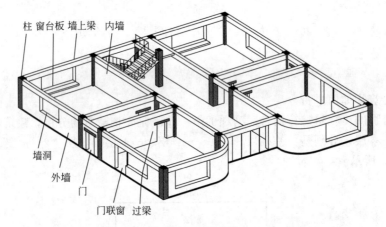

图 4-20 围护结构

② 顶部结构包含哪些构件？

顶部结构包括以下几种构件：梁（下空梁）、板（含斜）、板洞及天窗，如图 4-21 所示。

③ 室内结构包含哪些构件？

室内结构包括以下几种构件：楼梯、独立柱、水池、化验台及讲台，如图 4-22 所示。其中楼梯、水池、化验台属于复合构件，需要再往下进行分解。例如：楼梯再往下分解为休息平台、楼梯斜跑、楼梯梁、楼梯栏杆、楼梯扶手及楼层平台。水池再往下分解为水池和水池腿。化验台再往下分解为化验台板和化验台腿。

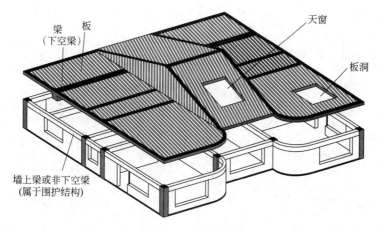

图 4-21　顶部结构

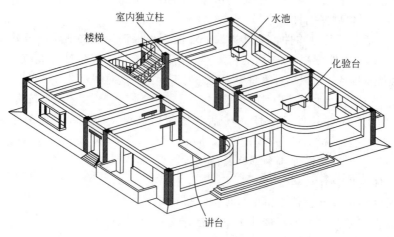

图 4-22　室内结构

④ 室外结构包含哪些构件？

室外结构包括以下几种构件：腰线、飘窗、门窗套、散水、坡道、台阶、阳台、雨篷、挑檐、遮阳板及空调板等，如图 4-23 所示。

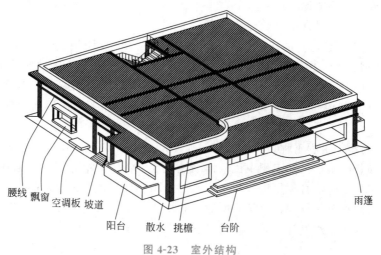

图 4-23　室外结构

其中飘窗、坡道、台阶、阳台、雨篷和挑檐属于复合构件，需要再进行往下分解。例如：台阶再往下分解，分解成以下几部分，如图 4-24 所示。

雨篷再往下分解，如图 4-25 所示。

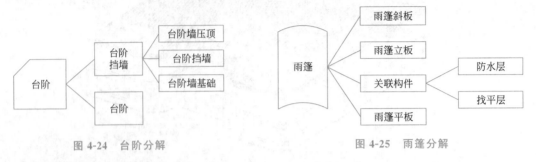

图 4-24　台阶分解　　　　　　　　　　图 4-25　雨篷分解

⑤ 室内装修包含哪些构件？

室内装修包括以下几种构件：地面、踢脚、墙裙、墙面、天棚、天棚保温及吊顶。

⑥ 室外装修包含哪些构件？

室外装修包括以下几种构件：外墙裙、外墙面、外保温、装饰线和玻璃幕墙。

分构件之后，仍不能根据 2013 版《房屋建筑与装饰工程工程量计算规范》和各地区最新《建筑工程、装饰工程预算定额》计算每一类构件的工程量，这时需要进行第四步：工程量列项。

（4）对每一类构件如何进行工程量列项？

对以上分解的每一类构件，根据 2013 版《房屋建筑与装饰工程工程量计算规范》和各地区最新《建筑工程、装饰工程预算定额》，同时思考以下五个问题进行工程量列项。

① 查看图纸中每一类构件包含哪些具体构件；

② 这些具体构件有什么属性；

③ 这些具体构件应该套什么清单分项或定额分项；

④ 清单或者定额分项的工程量计量单位是什么；

⑤ 计算规则是什么。

二、工程量计算原理

（一）工程量计算的依据是什么

工程量计算的主要依据有以下三个：

（1）经审定的施工设计图纸及设计说明。

设计施工图是计算工程量的基础资料，因为施工图纸反映工程的构造和各部位尺寸，是计算工程量的基本依据。在取得施工图和设计说明等资料后，必须全面、细致地熟悉和核对有关图纸和资料，检查图纸是否齐全、正确。经过审核、修正后的施工图才能作为计算工程量的依据。

（2）2013 版《房屋建筑与装饰工程工程量计算规范》和各地区最新《建筑工程、装饰工程预算定额》。

《房屋建筑与装饰工程工程量计算规范》（GB 50854—2013）及各省、自治区颁发的地区性建筑工程和装饰工程预算定额中比较详细地规定了各个清单分项和定额分项工程量的计算规则。计算工程量时，必须严格按照工程适用的相应计算规则中规定的计量单位和计算规则进行计算，否则将可能出现计算结果的数据和单位等不一致的情况。

（3）审定的施工组织设计、施工技术措施方案和施工现场情况。

计算工程量时，还必须参照施工组织设计或施工技术措施方案进行。如计算土方工程时，只依据施工图是不够的，因为施工图上并未标明实际施工场地土壤的类别及施工中是否采取放坡或是否用挡土板的方式进行。对这类问题就需要借助于施工组织设计或者施工技术措施加以解决。工程量中有时还要结合施工现场的实际情况进行。例如，平整场地和余土外运工程量，一般在施工图纸上是不反映的，应根据建设基地的具体情况予以计算确定。

（二）计算工程量应遵循什么原则

计算工程量时，应遵循以下六条原则：

（1）工程量计算所用原始数据必须和设计图纸相一致。

（2）计算口径（工程子目所包括的工作内容）必须与《房屋建筑与装饰工程工程量计算规范》（GB 50854—2013）和各地区的《建筑工程、装饰工程预算定额》相一致。

（3）工程量计算规则必须与《房屋建筑与装饰工程工程量计算规范》（GB 50854—2013）和各地区的《建筑工程、装饰工程预算定额》相一致。

（4）工程量的计量单位必须与《房屋建筑与装饰工程工程量计算规范》（GB 50854—2013）和各地的《建筑工程、装饰工程预算定额》相一致。

（5）工程量计算的准确度要求。工程量的数字计算一般应精确到小数点后 3 位，汇总时其准确度取值要达到：立方米（m^3）、平方米（m^2）及米（m）取两位小数；吨（t）以下取 3 位小数；千克（kg）、件（台或套）等取整数。

（6）按图纸结合建筑物的具体情况进行计算。一般应做到主体结构分层计算；内装修按分层分房间计算；外装修分立面计算，或按施工方案的要求分段计算。

（三）工程量计算的顺序是什么

工程量计算的一般方法实际上就是工程量计算的顺序问题，正确的工程量计算方法既可以节省看图时间，加快计算进度，又可以避免漏算或重复计算。

（1）单位工程计算顺序：按分层、分块、分构件和工程量列项四步来进行计算。

（2）单个分项工程的计算顺序：对于同一层中同一个清单编号或定额编号的分项工程，在计算工程量时为了不重项、不漏项，单个分项工程的计算顺序一般遵循以下四种顺序中的某一种。

① 按照顺时针方向计算；

② 按照先横后竖、先上后下、先左后右的顺序计算；

③ 按轴线编号顺序计算；

④ 按图纸构配件编号分类依次进行计算。

 本章小结

1. 建筑面积

（1）计算单层建筑物的建筑面积时，其面积计算规则视平屋顶还是坡屋顶而定，计算规则见表 4-3。

表 4-3　单层建筑物的建筑面积计算规则

类型	计算全面积	计算 1/2 面积	不计算面积
平屋顶	层高≥2.20m	层高＜2.20m	—
坡屋顶	净高＞2.10m	1.20m≤净高≤2.10m	净高＜1.20m

（2）多层建筑物建筑面积的计算方法与单层建筑物类似，要视平屋顶还是坡屋顶而定。

（3）凡是有围护结构的建筑物，均以围护结构外围水平面积计算。

（4）有永久性顶盖但无围护结构的建筑物，应计算顶盖或底板水平投影面积的 1/2。

（5）无永久性顶盖（露天）或不利用的建筑物（采光井）不计算建筑面积。

（6）雨篷挑出尺寸＞2.10m，按雨篷水平投影面积的 1/2 计算；挑出尺寸≤2.10m，不计算面积。

（7）阳台按其水平投影面积的 1/2 计算。

（8）外墙外侧有保温隔热层的，应以保温隔热层的外边线计算建筑面积。

2. 工程量计算原理

（1）工程量计算规则，是规定在计算分项工程实物数量时，从施工图纸中摘取数值的取定原则。在计算工程量时，必须按照《房屋建筑与装饰工程工程量计算规范》（GB 50854—2013）和各地区的《建筑工程、装饰工程预算定额》规定的计算规则进行计算。

（2）工程量计算的依据，包括经审定的施工设计图纸及设计说明，房屋建筑与装饰工程工程量计算规范，建筑工程和装饰工程预算定额，审定的施工组织设计，施工技术措施方案和施工现场情况，经确定的其他有关技术经济文件等。

（3）计算工程量时，应遵循一定的原则，计算的内容要符合一定的要求，为了提高计算的效率和防止重算或漏算，应按一定的顺序进行列项计算。

本章思考题

（1）什么是建筑面积？有什么作用？

（2）计算建筑面积的主要规则有哪些？

（3）试总结哪些无围护结构的建筑物或构筑物，应该计算其全面积；哪些应该计算一半；哪些不计算建筑面积。

（4）什么是工程量列项？列项的目的是什么？

（5）如何对建筑物进行列项？

（6）工程量计算的依据有哪些？

（7）工程量计算应遵循哪些原则？

（8）工程量计算的顺序是什么？

实训作业

（1）计算案例工程的建筑面积。

（2）对案例工程进行工程量列项。

第五章　土石方工程与桩基工程计量与计价

问题导入

《房屋建筑与装饰工程工程量计算规范》（GB 50854—2013）中的土石方工程和桩基工程主要包含哪些清单分项？如何根据《房屋建筑与装饰工程工程量计算规范》（GB 50854—2013）和各地区的预算定额对土石方工程和桩基工程进行清单工程量计量与清单计价？

本章内容框架

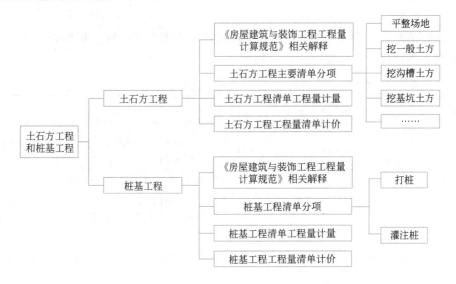

学习目标

（1）掌握土石方工程和桩基工程清单规范中的相关解释；

（2）重点掌握《房屋建筑与装饰工程工程量计算规范》（GB 50854—2013）中的土石方工程和桩基工程的主要清单分项的清单工程量计算规则及其招标工程量清单的编制；

（3）重点掌握土石方工程和桩基工程的工程量清单计价。

第一节　土石方工程

一、概述

《房屋建筑与装饰工程工程量计算规范》（GB 50854—2013）对土石方工程主要有以下相关解释说明：

（1）挖土应按自然地面测量标高至设计地坪标高的平均厚度确定。竖向土方、山坡切土开挖深度应按基础垫层底表面标高至交付施工现场地标高确定，无交付施工场地标高时，应按自然地面标高确定。

（2）建筑物场地厚度≤±300mm的挖、填、运、找平，应按计算规范中平整场地项目编码列项。厚度＞±300mm的竖向布置挖土或山坡切土应按计算规范中挖一般土方项目编码列项。

（3）沟槽、基坑、一般土方如何区别？

底宽≤7m且底长＞3倍底宽为沟槽；底长≤3倍底宽且底面积≤150m^{2}为基坑；超出上述范围则为一般土方。

（4）挖土方如需截桩头时，应按桩基工程相关项目编码列项。

（5）桩间挖土不扣除桩的体积，并在项目特征中加以描述。

（6）弃、取土运距可以不描述，但应注明由投标人根据施工现场实际情况自行考虑，决定报价。

（7）土壤的分类应按表5-1确定，如土壤类别不能准确划分时，招标人可注明为综合，由投标人根据地勘报告决定报价。

表 5-1　土壤分类表

土壤分类	土壤名称	开挖方法
一、二类土	粉土、砂土（粉砂、细砂、中砂、粗砂、砾砂）、粉质黏土、弱中盐渍土、软土（淤泥质土、泥炭、泥炭质土）、软塑红黏土、冲填土	用锹，少许用镐、条锄开挖。机械能全部直接铲挖满载者
三类土	黏土、碎石土（圆砾、角砾）混合土、可塑红黏土、硬塑红黏土、强盐渍土、素填土、压实填土	主要用镐、条锄，少许用锹开挖。机械需部分刨松方能铲挖满载者或可直接铲挖，但不能满载者
四类土	碎石土（卵石、碎石、漂石、块石）、坚硬红黏土、超盐渍土、杂填土	全部用镐、条锄挖掘，少许用撬棍挖掘。机械需普遍刨松方能铲挖满载者

注：本表土壤的名称及其含义按国家标准《岩土工程勘察规范（2009年版）》（GB 50021—2001）定义。

（8）土方体积应按挖掘前的天然密实体积计算。

（9）挖沟槽、基坑、一般土方因工作面和放坡增加的工程量是否并入各土方工程量中，按各省、自治区、直辖市或行业建设主管部门的规定实施。如并入各土方工程量中，办理工程结算时，按经发包人认可的施工组织设计规定计算，编制工程量清单时，放坡系数和基础施工所需工作面宽度可按表5-2、表5-3的规定计算。

表 5-2　放坡系数表

土类别	放坡起点/m	人工挖土	机械挖土		
			在坑内作业	在坑上作业	顺沟槽在坑上作业
一、二类土	1.20	1：0.50	1：0.33	1：0.75	1：0.50
三类土	1.50	1：0.33	1：0.25	1：0.67	1：0.33
四类土	2.00	1：0.25	1：0.10	1：0.33	1：0.25

注：1. 沟槽、基坑中土类别不同时，分别按其放坡起点、放坡系数，依不同土类别厚度的加权平均计算。

2. 计算放坡时，在交接处的重复工程量不予扣除，原槽、坑作基础垫层时，放坡自垫层上表面开始计算。

表 5-3　基础施工所需工作面宽度计算表

基础材料	每边各增加工作面宽度/mm
砖基础	200
浆砌毛石、条石基础	150
混凝土基础垫层（支模板）	300
混凝土基础（支模板）	300
基础垂直面做防水层	1000（防水层面）

注：本表按《全国统一建筑工程预算工程量计算规则》（GJDGZ－101－95）整理。

① 何为放坡？其目的是什么？

放坡是施工中较常用的一种措施，当土方开挖深度超过一定限度时，将上口开挖宽度增大，将土壁做成具有一定坡度的边坡，在土方工程中称为放坡。其目的是为了防止土壁坍塌。

② 何为放坡起点？其决定因素是什么？

放坡起点就是指某类别土壤边壁直立不加支撑开挖的最大深度，一般是指设计室外地坪标高至基础底标高的深度。其决定因素是土壤类别，如表 5-2 所示。

③ 何为放坡系数？其决定因素是什么？

将土壁做成一定坡度的边坡时，土方边坡的坡度，以其高度 H 与边坡宽度 B 之比来表示。如图 5-1 所示。即：

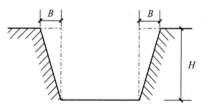

$$土方坡度 = H/B$$
$$放坡系数 K = B/H$$

放坡系数的大小不仅与挖土方式（人工挖土还是机械挖土）有关，而且机械挖土的放坡系数还与机械的施工位置有关。如表 5-2 所示。

图 5-1　放坡系数计算示意图

【例 5-1】　已知某基坑开挖深度 $H = 10\text{m}$。其中，表层土为一、二类土，厚 $h_1 = 2\text{m}$；中层土为三类土，厚 $h_2 = 5\text{m}$；下层土为四类土，厚 $h_3 = 3\text{m}$。采用正铲挖土机在坑底开挖。试确定其放坡系数。

【解】　由表 5-2 放坡系数表可知：

由于是采用正铲挖土机在坑底开挖，所以表层土的放坡系数为 $K_1 = 0.33$；中层土的放坡系数 $K_2 = 0.25$；下层土的放坡系数 $K_3 = 0.10$。

根据不同土壤厚度加权平均计算其放坡系数：

$$K = (h_1 \times K_1 + h_2 \times K_2 + h_3 \times K_3)/H = (2 \times 0.33 + 5 \times 0.25 + 3 \times 0.10)/10 = 0.221$$

④ 何为工作面？其决定因素是什么？

根据基础施工的需要，挖土时按基础垫层的双向尺寸向周边放出一定范围的操作面积，作为工人施工时的操作空间，这个单边放出的宽度，就称为工作面。

其决定因素是基础材料，如表 5-3 所示。

（10）挖方出现流沙、淤泥时，应根据实际情况由发包人与承包人双方现场签证确认工程量。

二、土方工程主要清单分项

土方工程主要包括平整场地、挖一般土方、挖沟槽土方、挖基坑土方、挖管沟土方等清单分项，其工程量清单项目如表 5-4 所示。回填工程清单分项如表 5-5 所示。

表 5-4　土方工程（编号 010101）

项目编码	项目名称	项目特征	计量单位	工程量计算规则	工作内容
010101001	平整场地	(1) 土壤类别； (2) 弃土运距； (3) 取土运距	m²	按设计图示尺寸以建筑物首层面积计算	(1) 土方填挖； (2) 场地找平； (3) 运输
010101002	挖一般土方	(1) 土壤类别； (2) 挖土深度； (3) 弃土运距	m³	按设计图示尺寸以体积计算	(1) 排地表水； (2) 土方开挖； (3) 围护（挡土板）及拆除； (4) 基底钎探； (5) 运输
010101003	挖沟槽土方			按设计图示尺寸以基础垫层底面积乘以挖土深度计算	
010101004	挖基坑土方				
010101007	管沟土方	(1) 土壤类别； (2) 管外径； (3) 挖沟深度； (4) 回填要求	(1) m (2) m³	(1) 以 m 计量，按设计图示以管道中心线长度计算； (2) 以 m³ 计量，按设计图示管底垫层面积乘以挖土深度计算；无管底垫层按管外径的水平投影面积乘以挖土深度计算。不扣除各类井的长度，井底土方并入	(1) 排地表水； (2) 土方开挖； (3) 围护（挡土板）、支撑； (4) 运输； (5) 回填

表 5-5　回填工程（010103）

项目编码	项目名称	项目特征	计量单位	工程量计算规则	工作内容
010103001	回填方	(1) 密实度要求； (2) 填方材料品种； (3) 填方粒径要求； (4) 填方来源、运距	m³	按设计图示尺寸以体积计算。 (1) 场地回填：回填面积乘平均回填厚度； (2) 室内回填：主墙间面积乘回填厚度，不扣除间隔墙； (3) 基础回填：按挖方清单项目工程量减去自然地坪以下埋设的基础体积（包括基础垫层及其他构筑物）	(1) 运输； (2) 回填； (3) 压实

三、土方工程清单工程量计量

（一）平整场地

（1）什么叫做平整场地？

平整场地是指为了便于进行建筑物的定位放线，在基础土方开挖前，对建筑场地垂直方向处理厚度在±30cm 以内的就地挖、填、找平工作。如图 5-2 所示。

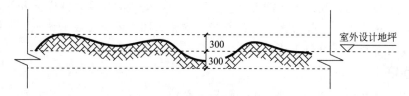

图 5-2　平整场地范围示意图

（2）平整场地的清单工程量计算规则是什么？

其清单工程量计算规则为：按设计图示尺寸，以建筑物首层建筑面积计算。建筑物地下室结构外边线，突出首层结构外边线时，其突出部分的建筑面积合并计算。

平整场地

（二）沟槽、基坑土方

挖沟槽和基坑土方，其计算规则为：按设计图示尺寸以基础垫层底面积乘以挖土深度计算。

【例 5-2】　已知某混凝土独立基础的剖面图如图 5-3 所示，垫层长度为 2100mm，宽度为 1500mm，设计室外地坪标高为 −0.3m，垫层底部标高为 −1.6m，土质为三类土。请计算人工挖基坑的清单工程量，并编制该清单分项的招标工程量清单。

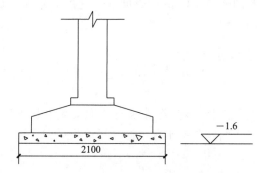

图 5-3　混凝土独立基础剖面图

【解】　根据挖基坑土方的清单工程量计算规则，该基坑土方的工程量为：

$V =$ 基础垫层底面积 × 基坑挖土深度 $= 2.1 \times 1.5 \times (1.6 - 0.3) = 4.095$（m³）

其招标工程量清单如表 5-6 所示。

表 5-6　挖基坑土方招标工程量清单表

项目编码	项目名称	项目特征描述	计量单位	工程量
010102002001	挖基坑土方	三类土，挖土深度 1.3m	m³	4.095

（三）一般土方

其清单工程量计算规则为：按设计图示尺寸以体积计算。

（四）管沟土方

其清单工程量计算规则有两种：

（1）以米（m）计量，按设计图示以管道中心线长度计算。

大开挖土方

（2）以立方米（m³）计量，按设计图示管底垫层面积乘以挖土深度计算；无管底垫层按管外径的水平投影面积乘以挖土深度计算。不扣除各类井的长度，井底土方并入。

温馨提示：清单规范中管沟土方与挖基槽土方、基坑土方和一般土方的工作内容相比最大的区别是没有基底钎探附项工程，但增加了回填土附项工程。

（五）回填土

其清单工程量按设计图示尺寸以体积计算，具体分为以下三种。

房心回填

（1）场地回填：按场地的面积乘以平均回填厚度以体积计算。

（2）室内回填：是指室内地坪以下，由室外设计地坪标高填至地坪垫层底标高的夯填土，按主墙间面积乘回填厚度，不扣除间隔墙。

室内回填土体积＝主墙间净面积×回填土厚度

其中，回填土厚度＝设计室内外地坪高差－地面面层和垫层的厚度。

温馨提示：对于砌块墙而言，厚度在180mm及以上的墙为主墙，在180mm以下的墙为间壁墙，只起分割作用。对于剪力墙而言，厚度在100mm及以上的墙为主墙，在100mm以下的墙为间壁墙，只起分割作用。

基础回填

（3）基础回填：是指在基础施工完毕以后，将槽、坑四周未做基础的部分回填至室外设计地坪标高。其清单工程量为挖方体积减去自然地坪以下埋设的基础体积（包括基础垫层及其他构筑物）。

清单基础回填土体积＝清单槽、坑挖土体积－设计室外地坪标高以下埋设的基础体积

四、土石方工程工程量清单计价

（一）平整场地

（1）确定清单分项的组价内容。《房屋建筑与装饰工程工程量计算规范》（GB 50854—2013）规定：平整场地的工作内容包括土方填挖、场地找平和运输，对应的定额包括平整场地和运输两个定额分项。

（2）组价内容的计价工程量计算规则

① 平整场地的计价工程量计算规则。有些地区《建筑工程预算定额》中规定平整场地的工程量按建筑物外边线每边各增加2m以"m²"计算，有些地区平整场地的工程量以建筑物首层建筑面积以"m²"计算，有些地区平整场地的工程量是按首层建筑面积乘以系数1.4计算。

② 运输的计价工程量计算规则。按照场地回填土的工程量计算。

（二）沟槽、基坑土方

（1）确定清单项目的组价内容。《房屋建筑与装饰工程工程量计算规范》（GB 50854—2013）规定：挖沟槽土方和挖基坑土方的工作内容包括排地表水、土方开挖、围护（挡土板）及拆除、基底钎探和运输，对应的定额包括排地表水、挖沟槽或挖基坑、支挡土板、基底钎探、土方运输定额项目。

（2）预算定额对放坡和工作面的有关规定

① 在预算定额中土壤类别分为普硬土和坚硬土，普硬土对应清单中的一、二、三类土，坚硬土对应清单中的四类土。计算挖土方、沟槽、基坑、放坡系数及放坡起点，按表5-7规定计算。

表 5-7 放坡起点

土壤类别	人工挖土	机械挖土		放坡起点深度/m
		在槽、沟和坑底作业	在槽、沟和坑边上作业	
普硬土	1:0.35	1:0.28	1:0.70	1.40
坚硬土	1:0.25	1:0.10	1:0.33	2.00

② 基础施工需增加的单面工作面宽度，按施工组织设计规定计算。如无规定，按表 5-8规定计算。

表 5-8 基础施工单面工作面宽度计算表

基础类别	每边增加工作面宽度/mm
砖基础	200
浆砌毛石、条石基础	250
混凝土基础垫层（支模板）	150
混凝土基础支模板	400
基础垂直面做砂浆防潮层	800（自防潮层）
基础垂直面做防水层或防腐层	1000（自防水层面或防腐层）

（3）组价内容的计价工程量计算规则

① 挖沟槽或挖基坑的计价工程量计算规则。挖沟槽计价工程量必须根据放坡或不放坡，带不带挡土板（单面挡土板增加 10cm，双面挡土板增加 20cm），以及增加工作面的具体情况来计算。其计算式如下：

挖沟槽工程量 ＝ 沟槽断面积 × 沟槽长度

a. 沟槽断面积。其大小与土方开挖方式有关，如图 5-4 所示。

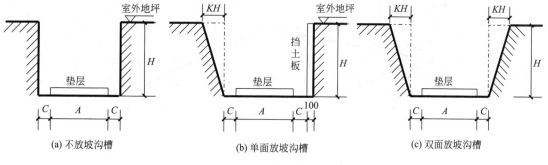

图 5-4 沟槽开挖形式

不放坡沟槽断面面积 ＝ $(A + 2C)H$
单面放坡沟槽断面面积 ＝ $(A + 2C + 100 + 0.5KH)H$
双面放坡沟槽断面面积 ＝ $(A + 2C + KH)H$

式中 A——垫层宽度；

C——工作面宽度；

K——放坡系数；

H——挖土深度，一律以设计室外地坪标高为准计算。

温馨提示：挡土板和放坡都是为了防止土壁坍塌，因此，支挡土板后就不能再计算放坡。

b. 沟槽长度

外墙挖沟槽长度——按图示中心线长度计算。

内墙挖沟槽长度——按图示沟槽底间净长度计算。

温馨提示：计算放坡挖土时，交接处重复的工程量不予扣除，如图 5-5 所示。在交接处重复工程量不予扣除。

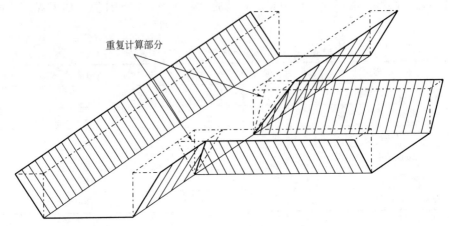

图 5-5　交接处重复计算部分示意图

人工挖基坑的计价工程量计算规则如下。

a. 矩形不放坡基坑的工程量为：

$$V = 坑底面积(S_底) \times 基坑深度(H)$$

b. 矩形放坡基坑（如图 5-6 所示）的工程量为：

$$V = \frac{1}{3} H (S_底 + \sqrt{S_底 \ S_顶} + S_顶)$$

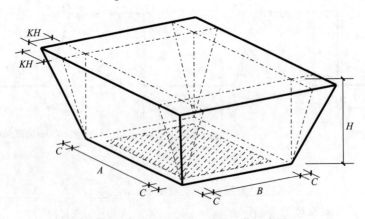

图 5-6　矩形放坡基坑工程量计算示意图

② 支挡土板。按槽、坑土体与挡土板接触面积计算，支挡土板后，不得再计算放坡。双面支挡土板应分别计算其接触面积之后汇总。

③ 基底钎探。基底钎探是指对槽或坑底的土层进行钎探的操作方法，即将钢钎打入基槽底的土层中，根据每打入一定深度（一般为 300mm）的锤击数，间接地判断地基的土质变化和分布情况，以及是否有空穴和软土层等。其工程量计算规则以垫层底面积计算。

④ 土方运输。土方运输体积为挖土的体积减去回填土的体积。

【例 5-3】 对［例 5-2］中挖基坑土方工程量清单进行计价。已知挖基坑土方时没有地表水，无需运输土方，混凝土基础示意图如图 5-7 所示。

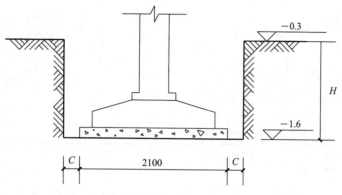

图 5-7　混凝土基础示意图

【解】 ① 根据《工程量计算规范》中人工挖基坑土方的项目特征和工作内容可知，其组价内容有人工挖土方和基底钎探定额子目。

② 计算计价工程量。

人工挖土深度 $H=1.3\mathrm{m}$；三类土的放坡起点为 1.5m。

因为 1.3m<1.5m，所以挖基坑不需要放坡，也不需要支挡土板，如图 5-7 所示。

由工作面宽度计算表可知，混凝土基础每边增加工作面宽度为 0.4m。

坑底面积 $(S)=(A+2C)\times(B+2C)=(1.5+0.8)\times(2.1+0.8)=6.67$（$\mathrm{m}^2$）

人工挖基坑计价工程量 $(V)=$ 坑底面积 × 挖土深度 $=6.67\times1.3=8.671$（m^3）

基底钎探计价工程量 $=2.1\times1.5=3.15$（m^2）

③ 某省最新的与挖基坑相关的预算定额如表 5-9 所示。由建设工程费用定额可知，建筑工程管理费和利润的计费基础是定额工料机，费率分别为 8.48% 和 7.04%。

表 5-9　挖基坑土方组价定额子目表

定　额　编　号		A1-4（单位：100m^3）	A1-80（单位：100m^2）
项　　目		人工挖土方	基底钎探
		三类土深 2m 以内	
预算价格/元		5067.50	526.25
其中	人工费/元	5067.50	526.25
	材料费/元	—	—
	机械费/元	—	—

人工费 $=8.671\times5067.50/100+3.15\times526.25/100=455.98$（元）

材料费 $=0$

机械费 $=0$

人工费＋材料费＋机械费 $=455.98$（元）

管理费和利润 $=455.98\times(8.48\%+7.04\%)=70.768$（元）

挖基坑土方综合单价 $=(455.98+70.768)\div4.095$（清单工程量）$=128.63$（元）

挖基坑土方清单项目综合单价分析表如表 5-10 所示。

表 5-10　挖基坑土方清单项目综合单价分析表

项目编码	010102002001		项目名称	挖基坑土方		计量单位	m³	工程量	4.095
清单综合单价组成明细									
定额编号	定额名称	定额单位	数量	单价/元				合价/元	
				人工费	材料费	机械费	管理费和利润	人工费	材料费	机械费	管理费和利润
A1-4	人工挖土方	m³	8.671	50.6750				439.403			68.195
A1-80	基底钎探	m²	3.15	5.2625				16.575			2.572
小计/元								455.978			70.767
清单项目综合单价/元								128.63			

（三）一般土方

（1）确定清单项目的组价内容。《房屋建筑与装饰工程工程量计算规范》（GB 50854—2013）规定：挖一般土方的工作内容与挖沟槽土方和基坑土方完全一样，对应的定额包括挖土方、支挡土板、基底钎探、土方运输等定额项目。

（2）组价内容的计价工程量计算规则。定额挖土方分人工挖土方和机械挖土方。

① 人工挖土方。与人工挖沟槽和人工挖基坑相同。

② 机械挖土方。机械挖土方是目前施工中较常采用的一种土方开挖方式，其工程量计算方法同人工挖土方。需要指出的是：通常情况下，机械挖土方时需留出一定厚度土方由人工开挖，则机械挖土方就应按机械挖土方占 90%、人工挖土方占 10%分列两项计算挖土方费用。其余附项的工程量计算规则与人工挖沟槽和人工挖基坑相同。

（四）管沟土方

（1）确定清单项目的组价内容。《房屋建筑与装饰工程工程量计算规范》（GB 50854—2013）规定：管沟土方的工作内容包括排地表水、土方开挖、围护（挡土板）、支撑、运输和回填。对应的定额包括挖土方、支挡土板、回填土、土方运输定额项目。

（2）管沟土方组价内容的计价工程量计算规则。各地预算定额管沟土方的定额工程量计算规则，按设计图示尺寸以体积计算。

$$管沟土方体积＝沟底宽度×管沟深度×管沟长度$$

其中：管沟长度按图示中心线长度以延长米计算，管沟深度按图示沟底至室外地坪深度计算。沟底宽度，按设计规定尺寸计算。如无规定，可按表 5-11 规定宽度计算。

表 5-11　管道地沟沟底宽度　　　　　　　　　单位：m

管径/mm	铸铁管、钢管、石棉水泥管	混凝土、钢筋混凝土、预应力混凝土管	陶土管
50~70	0.60	0.80	0.70
100~200	0.70	0.90	0.80
250~350	0.80	1.00	0.90
400~450	1.00	1.30	1.10
500~600	1.30	1.50	1.40
700~800	1.60	1.80	—
900~1000	1.80	2.00	—

续表

管径/mm	铸铁管、钢管、石棉水泥管	混凝土、钢筋混凝土、预应力混凝土管	陶土管
1100～1200	2.00	2.30	—
1300～1400	2.20	2.60	—

（3）支挡土板和运输。与挖沟槽和挖基坑一样。

（4）回填土。管道沟槽回填工程量以挖方体积减去管径所占体积计算。管径在500mm及以下的不扣除管道所占体积；管径超过500mm以上时，按规定扣除管道所占体积。如表5-12所示。

表5-12　每延长米管沟回填扣除土方体积　　　　　　　　　　　　单位：m³

管道种类	管径/mm					
	501～600	601～800	801～1000	1001～1200	1201～1400	1401～1600
钢管	0.21	0.44	0.71	—	—	—
铸铁管	0.24	0.49	0.77	—	—	—
钢筋混凝土管	0.33	0.60	0.92	1.15	1.35	1.55

（五）回填土

（1）确定清单项目的组价内容。《房屋建筑与装饰工程工程量计算规范》（GB 50854—2013）规定：回填土的工作内容包括运输、回填和压实。对应的定额包括回填土、土方运输定额项目。

（2）回填土组价内容的计价工程量计算规则。回填土的计价工程量按设计图示尺寸以体积计算，具体分为两种。

① 房心回填：是指室外地坪和室内地坪垫层之间的土方回填。计算规则与清单室内回填相同。

房心回填土体积＝室内净面积×回填土厚度

② 沟槽、基坑回填：是指设计室外地坪以下的土方回填，如图5-8所示。

定额基础回填土体积＝定额槽、坑挖土体积－设计室外地坪标高以下埋设的基础体积

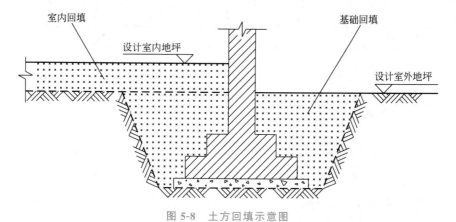

图5-8　土方回填示意图

温馨提示：清单规范与预算定额关于回填土的最大区别在于：清单中管沟的回填土不单独计算，包括在管沟土方的工作内容中。

第二节　桩基工程

一、概述

《房屋建筑与装饰工程工程量计算规范》（GB 50854—2013）对桩基工程主要有以下相关解释说明：

（1）桩基工程包括打桩和灌注桩两部分。

（2）地层情况按表 5-1 的规定，并根据岩土工程勘察报告按单位工程各地层所占比例（包括范围值）进行描述。对无法准确描述的地层情况，可注明由投标人根据岩土工程勘察报告自行决定报价。

（3）项目特征中的桩截面、混凝土强度等级、桩类型等可直接用标准图代号或设计桩型进行描述。

（4）预制钢筋混凝土方桩、预制钢筋混凝土管桩项目以成品桩编制，应包括成品桩购置费，如果用现场预制桩，应包括现场预制的所有费用。

（5）灌注桩项目特征中的桩长应包括桩尖，空桩长度＝孔深－桩长，孔深为自然地面至设计桩底的深度。

（6）泥浆护壁成孔灌注桩是指在泥浆护壁条件下成孔，采用水下灌注混凝土的桩。

（7）干作业成孔灌注桩是指不用泥浆护壁和套管护壁的情况下，用钻机成孔后，下钢筋笼，灌注混凝土的桩，适用于地下水位以上的土层使用。

（8）混凝土灌注桩的钢筋笼制作、安装，按附录 E 钢筋工程中相关项目编码列项。

二、桩基工程的主要清单分项

桩基工程在《房屋建筑与装饰工程工程量计算规范》（GB 50854—2013）中主要包括打桩和灌注桩。打桩包括预制钢筋混凝土方桩、预制钢筋混凝土管桩、钢管桩和截（凿）桩头。灌注桩主要包括泥浆护壁成孔灌注桩、沉管灌注桩和干作业成孔灌注桩。桩基工程清单项目设置如表 5-13 和表 5-14 所示。

表 5-13　打桩工程（编号 010301）

项目编码	项目名称	项目特征	计量单位	工程量计算规则	工作内容
010301001	预制钢筋混凝土方桩	（1）地层情况； （2）送桩深度、桩长； （3）桩截面； （4）桩倾斜度； （5）沉桩方法； （6）接桩方式； （7）混凝土强度等级	（1）m （2）m³ （3）根	（1）以 m 计量，按设计图示尺寸以桩长（包括）桩尖计算； （2）以 m³ 计量，按设计图示截面积乘以桩长（包括桩尖）以实际体积计算； （3）以根计量，按设计图示数量计算	（1）工作平台搭拆； （2）桩机竖拆、移位； （3）沉桩； （4）接桩； （5）送桩
010301002	预制钢筋混凝土管桩	（1）地层情况； （2）送桩深度、桩长； （3）桩外径、壁厚； （4）桩倾斜度； （5）沉桩方法； （6）桩尖类型； （7）混凝土强度等级； （8）填充材料种类； （9）防护材料种类			（1）工作平台搭拆； （2）桩机竖拆、移位； （3）沉桩； （4）接桩； （5）送桩； （6）填充材料、刷防护材料

续表

项目编码	项目名称	项目特征	计量单位	工程量计算规则	工作内容
010301004	截（凿）桩头	（1）桩类型； （2）桩头截面、高度； （3）混凝土强度等级； （4）有无钢筋	（1）m³； （2）根	（1）以 m³ 计量，按设计桩截面乘以桩头长度以体积计算； （2）以根计量，按设计图示数量计算	（1）截（切割）桩头； （2）凿平； （3）废料外运

表 5-14 灌注桩工程（编号 010302）

项目编码	项目名称	项目特征	计量单位	工程量计算规则	工作内容
010302001	泥浆护壁成孔灌注桩	（1）地层情况； （2）空桩长度、桩长； （3）桩径； （4）成孔方法； （5）混凝土种类、强度等级	（1）m （2）m³ （3）根	（1）以米计量，按设计图示尺寸以桩长（包括桩尖）计算； （2）以立方米计量，按不同截面在桩上范围内以体积计算； （3）以根计量，按设计图示数量计算	（1）护筒埋设； （2）成孔、固壁； （3）混凝土制作、运输、灌注、养护； （4）土方、废泥浆外运； （5）打桩场地硬化及泥浆池、泥浆沟
010302002	沉管灌注桩	（1）地层情况； （2）空桩长度、桩长； （3）复打长度； （4）桩径； （5）沉管方法； （6）桩尖类型； （7）混凝土种类、强度等级			（1）打（沉）拔钢管； （2）桩尖制作、安装； （3）混凝土制作、运输、灌注、养护
010302003	干作业成孔灌注桩	（1）地层情况； （2）空桩长度、桩长； （3）桩径； （4）扩孔直径、高度； （5）成孔方法； （6）混凝土种类、强度等级	（1）m （2）m³ （3）根		（1）成孔、扩孔； （2）混凝土制作、运输、灌注、振捣、养护

三、桩基工程清单工程量计量

（一）预制钢筋混凝土方桩和预制钢筋混凝土管桩

预制钢筋混凝土方桩与预制钢筋混凝土管桩清单工程量计算规则相同，除了工作内容与预制钢筋混凝土方桩相比多了一项填充材料、刷防护材料附项工程外，其余均与预制钢筋混凝土方桩相同。其清单工程量计算规则有三种。

（1）以米计量，按设计图示尺寸以桩长（包括桩尖）计算，如图 5-9 所示。

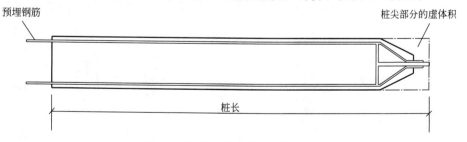

图 5-9 预制钢筋混凝土桩示意图

（2）以立方米计量，按图示截面积乘以桩长（包括桩尖）以实体积计算；

（3）以根计量，按设计图示数量计算。

（二）截（凿）桩头

其清单工程量计算规则有两种：

（1）以立方米计量，按设计桩截面乘以桩头长度以体积计算；

（2）以根计量，按设计图示数量计算。

【例 5-4】　某工程需要打设 400mm×400mm×24000mm 的预制钢筋混凝土方桩，共计 300 根。预制桩的每节长度为 8m，送桩深度为 5m，桩的接头采用焊接接头。试求预制方桩的清单工程量，并编制其招标工程量清单。

【解】　按照清单规范的计算规则，预制方桩的清单工程量为：

① 如果按米计算：$24 \times 300 = 7200$（m）

② 如果按立方米计算：$0.4^2 \times 24 \times 300 = 1152$（m³）

③ 如果按根计算：300 根

其招标工程量清单表如表 5-15 所示。

表 5-15　预制钢筋混凝土方桩招标工程量清单表

项目编码	项目名称	项目特征描述	计量单位	工程量
010301001001	预制钢筋混凝土方桩	送桩深度 5m，桩长 24m；桩截面：400mm×400mm；接桩方式采用焊接接头	m³	1152

（三）沉管灌注桩

（1）什么是沉管灌注桩？

沉管灌注桩是将带有活瓣的桩尖（打时合拢，拔时张开）的钢管打入土中到设计深度，然后将拌好的混凝土浇灌到钢管内，灌到需要量时立即拔出钢管。这种在现场灌注的混凝土桩叫灌注桩，常见的是砂石桩和混凝土桩。如图 5-10 所示。

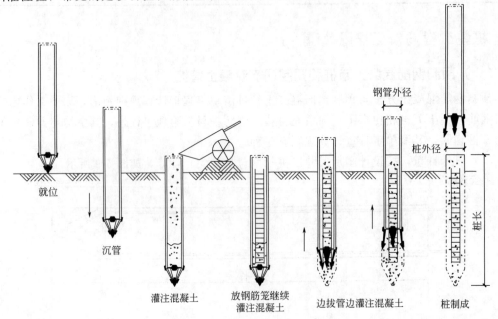

图 5-10　沉管灌注桩的施工示意图

（2）沉管灌注桩的清单工程量计算规则是什么？

其清单工程量计算规则有三种：

① 以米（m）计量，按设计图示尺寸以桩长（包括桩尖）计算；

② 以立方米（m^3）计量，按不同截面在桩上范围内以体积计算；

③ 以根计量，按设计图示数量计算。

【例 5-5】 某工程需打设 60 根沉管混凝土灌注桩。钢管内径为 350mm，管壁厚度为 50mm，设计桩身长度为 8000mm，桩尖长 600mm。请计算沉管混凝土灌注桩的清单工程量并编制其招标工程量清单。

【解】 ① 以米计量，其清单工程量＝（8＋0.6）×60＝516（m）

② 以立方米计量，其清单工程量＝$\pi \times 0.175^2 \times (8+0.6) \times 60 = 49.62$（$m^3$）

③ 以根计量，其清单工程量＝60 根

其招标工程量清单如表 5-16 所示。

表 5-16　沉管灌注桩招标工程量清单表

项目编码	项目名称	项目特征描述	计量单位	工程量
010302002001	沉管灌注桩	桩长 8.6m	m^3	49.62

四、桩基工程工程量清单计价

（一）预制钢筋混凝土方桩

（1）确定清单项目的组价内容。《房屋建筑与装饰工程工程量计算规范》（GB 50854—2013）规定：预制钢筋混凝土方桩的工作内容包括工作平台搭拆、桩机竖拆、移位、沉桩、接桩和送桩，对应的定额包括方桩、接桩、送桩定额分项。

（2）组价内容的计价工程量计算规则

① 方桩。预制钢筋混凝土方桩的计价工程量计算规则是按设计桩长度（包括桩尖）乘以截面面积以体积计算。

② 接桩

a. 什么叫接桩？

有些桩基设计很深，而预制桩因吊装、运输、就位等原因，不能将桩预制很长，从而需要接头，这种连接的过程就叫做接桩，如图 5-11 所示。

b. 接桩的计价工程量计算规则：按设计要求的接头以个数计算。

③ 送桩

a. 什么叫送桩？

打桩有时要求将桩顶面送到自然地面以下，这时桩锤就不可能直接触击到桩头，因而需要另一根"冲桩"（也叫送桩），接到该桩顶上以传递桩锤的力量，使桩锤将桩打到要求的位置，最后再去掉"冲桩"，这一过程即为送桩，如图 5-11 所示。

b. 送桩的计价工程量计算规则。按送桩长度乘以桩截面面积以立方米计算，其中送桩长度是按打桩架底至桩顶面高度计算，或按自桩顶面至自然地坪面另加 0.5m 计算，如图 5-11 所示。

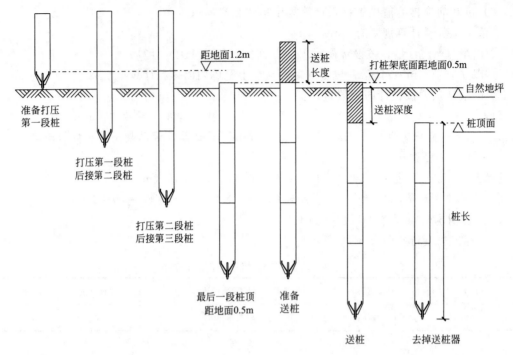

图 5-11　接桩、送桩示意图

【例 5-6】　对 [例 5-4] 中的预制钢筋混凝土方桩的招标工程量清单进行计价，已知预制钢筋混凝土方桩接桩所用的材质为钢板。

【解】　① 根据《计算规范》中预制钢筋混凝土的项目特征和工作内容可知，其组价内容有打桩、接桩和送桩三个定额分项。

② 计算计价工程量。

按照预制方桩的计价工程量计算规则，预制方桩的计价工程量 $= 0.4 \times 0.4 \times 24 \times 300 = 1152$（$\text{m}^3$）

按照电焊接桩的计价工程量计算规则，预制方桩的接桩工程量为：$2 \times 300 = 600$（个）

按照送桩的计价工程量计算规则，送桩的计价工程量为：$5 + 0.5 = 5.5$（m）

③ 某省与预制方桩相关的最新预算定额如表 5-17 所示。由建设工程费用定额可知，建筑工程管理费和利润的计费基础是定额工料机，费率分别为 8.48% 和 7.04%。

表 5-17　预制钢筋混凝土方桩组价定额子目表

定 额 编 号		A3-2（单位：10m³）	A3-28（单位：10 个）
项 目		打预制钢筋混凝土方桩	打预制钢筋混凝土方桩包钢板
预算价格/元		1382.83	4754.77
其中	人工费/元	503.75	990.00
	材料费/元	60.00	1848.20
	机械费/元	819.08	1916.57

预制钢筋混凝土方桩工程量清单综合单价分析表如表 5-18 所示。

表 5-18 预制钢筋混凝土方桩工程量清单综合单价分析表

项目编码	010301001001	项目名称	预制钢筋混凝土方桩	计量单位	m³	工程量	1152

清单综合单价组成明细

定额编号	定额名称	定额单位	数量	单价/元				合价/元			
				人工费	材料费	机械费	管理费和利润	人工费	材料费	机械费	管理费和利润
A3-2	打预制钢筋混凝土方桩	10m³	115.2	503.75	60.00	819.08	—	58032	6912	94358	24723.67
A3-28	打预制钢筋混凝土方桩包钢板	10个	60	990.00	1848.20	1916.57	—	59400	110892	114994.2	44276.42
	送桩	m	5.5	—	—	—	—	96913.44	—	157577.86	39497.05
小计/元								214345.44	117804	366930.06	108497.14
清单项目综合单价/元								701.02			

温馨提示：送桩所需工料机费用根据相应项目的打桩人工费和机械费乘以相应的系数，系数与送桩深度有关。送桩深度≤2m，系数为 1.25；2m＜送桩深度≤4m，系数为 1.43；送桩深度＞4m，系数为 1.67。

（二）预制钢筋混凝土管桩

（1）确定清单项目的组价内容。

工作内容包括工作平台搭拆，桩机竖拆、移位，沉桩，接桩，送桩，填充材料，刷防护材料，对应的定额与预制钢筋混凝土方桩相同。

（2）组价内容的计价工程量计算规则

① 预制钢筋混凝土管桩。按设计桩长度（包括桩尖）乘以截面面积以体积计算，空心部分的体积应扣除。如管桩的空心部分按要求灌注混凝土或其他填充材料时，则应另行计算。

② 接桩、送桩。与预制钢筋混凝土方桩相同。

（三）截（凿）桩头

（1）确定清单项目的组价内容。工作内容包括截（切割）桩头、凿平、废料外运，对应的定额仅为截（凿）桩头。

（2）组价内容的计价工程量计算规则。按截（凿）桩长度乘以设计桩截面面积以体积计算。

（四）沉管灌注桩

（1）确定清单项目的组价内容。工作内容包括打（沉）拔钢管，桩尖制作、安装，混凝土制作、运输、灌注、养护，其对应的定额分项为沉管成孔和沉管成孔灌注混凝土。

（2）组价内容的计价工程量计算规则

① 沉管成孔工程量按打桩前自然地坪标高至设计桩底标高（不包括预制桩尖）的成孔长度乘以钢管外径截面积，以立方米计算。

② 沉管成孔灌注混凝土工程量按［设计桩长（不包括预制桩尖）＋超灌长度］×钢管外径截面积，以立方米计算。设计未注明超灌长度，可按 0.5m 计算。

【例 5-7】 对［例 5-5］的混凝土灌注桩的工程量清单进行计价。已知以振动式成孔。

【解】 ① 根据《工程量计算规范》中混凝土灌注桩的项目特征和工作内容可知，其组价内容有沉管灌注桩定额子目。

② 计算计价工程量：

桩长＝8＋0.5＝8.5（m）

桩管外径＝0.35＋0.05＝0.4（m）

混凝土灌注桩的计价工程量＝$\pi \times 0.2^2 \times 8.5 \times 60 = 64.06$（m³）

沉管桩成孔的计价工程量＝$\pi \times 0.2^2 \times 8 \times 60 = 60.32$（m³）

③ 某省与灌注桩相关的最新预算定额如表 5-19 所示。由建设工程费用定额可知，建筑工程管理费和利润的计费基础是定额工料机，费率分别为 8.48％和 7.04％。

表 5-19　混凝土灌注桩组价定额子目表　10m³

定　额　编　号		A3-76	A3-65
项　目		沉管成孔灌注混凝土	沉管桩成孔
			振动式（桩长）
			12m 以内
预算价格/元		3165.43	1642.94
其中	人工费/元	270.00	702.50
	材料费/元	2895.43	74.87
	机械费/元	—	865.57

混凝土灌注桩工程量清单综合单价分析表如表 5-20 所示。

表 5-20　混凝土灌注桩工程量清单综合单价分析表

项目编码	010302002001	项目名称		沉管灌注桩		计量单位		m³	工程量	49.62
清单综合单价组成明细										
定额编号	定额名称	定额单位	数量	单价/元				合价/元		
				人工费	材料费	机械费	管理费和利润	人工费	材料费	机械费	管理费和利润
A3-76	沉管成孔灌注混凝土	10m³	6.406	270.00	2895.43	—		1729.62	18548.12	—	3147.11
A3-65	沉管桩成孔	10m³	6.032	702.50	74.87	865.57	—	4237.48	451.62	5221.12	1538.07
小计/元								5967.1	18999.74	5221.12	4685.18
清单项目综合单价/元								472.80			

温馨提示：混凝土灌注桩的清单工程量和计价工程量中不包含钢筋笼制作、安装的工程量。

本章小结

土方工程和桩基工程是建筑工程施工中重要工程之一。本章介绍了土石方工程和桩基工程中的基本概念，以及《房屋建筑与装饰工程工程量计算规范》（GB 50854—2013）对土石方工程和桩基工程的相关解释说明，重点讲述了土方工程和桩基工程中的主要清单分项的清单工程量的计算规则、招标工程量清单的编制及相应的工程量清单计价。在学习过程中应熟练掌握土石方工程和桩基工程的清单工程量计量与工程量清单计价。

本章思考题

（1）土石方工程和桩基工程分别包含了哪些清单分项？

（2）清单规范中平整场地、挖沟槽土方、挖基坑土方、挖一般土方有什么区别？

（3）放坡的目的是什么？放坡系数如何计算的？

（4）简述《房屋建筑与装饰工程工程量计算规范》（GB 50854—2013）中所规定的平整场地、挖一般土方、挖沟槽土方和挖基坑土方的清单工程量计算规则。

（5）请分别简述预制钢筋混凝土方桩和沉管灌注桩的清单工程量和计价工程量如何计算？

实训作业

完成案例工程的平整场地和挖土方的清单工程量和计价工程量的计算。

第六章　砌筑工程计量与计价

 问题导入

　　《房屋建筑与装饰工程工程量计算规范》（GB 50854—2013）中砌筑工程主要包含哪些清单分项？如何确定墙身和基础之间的分界线？如何根据《房屋建筑与装饰工程工程量计算规范》（GB 50854—2013）和各地区的预算定额对砌筑工程进行清单工程量计量与清单计价？

 本章内容框架

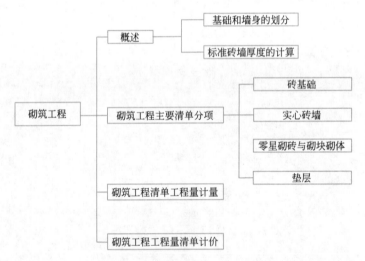

 学习目标

　　（1）掌握墙体与基础的划分以及砌体计算厚度的确定；

　　（2）掌握《房屋建筑与装饰工程工程量计算规范》（GB 50854—2013）中的砌筑工程的主要清单分项的清单工程量计算规则及其招标工程量清单的编制；

　　（3）掌握砌筑工程中主要清单分项的工程量清单计价。

概　述

一、基础和墙身的划分

（1）基础与墙身使用同一种材料时，以设计室内地面为界（有地下室者，以地下室室内设计地面为界），以下为基础，以上为墙身，如图 6-1 所示。

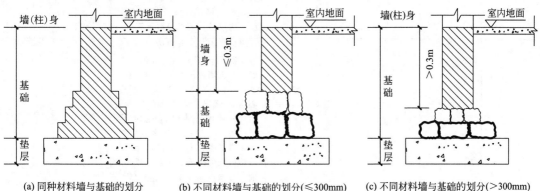

(a) 同种材料墙与基础的划分　　(b) 不同材料墙与基础的划分（≤300mm）　　(c) 不同材料墙与基础的划分（>300mm）

图 6-1　基础与墙身（柱身）划分示意图

（2）基础与墙身使用不同材料时，位于设计室内地面±300mm 以内时，以不同材料为分界线；超过±300mm 时，以设计室内地面为分界线，如图 6-1 所示。

（3）砖、石围墙，以设计室外地坪为界，以下为基础，以上为墙身。

二、标准砖墙厚度的计算

标准砖尺寸应为 240mm×115mm×53mm。标准砖墙厚度应按表 6-1 计算。

表 6-1　标准砖墙计算厚度表

砖数（厚度）	1/4	1/2	3/4	1	1.5	2	2.5	3
计算厚度/mm	53	115	180	240	365	490	615	740

砌筑工程的主要清单分项

在《房屋建筑与装饰工程工程量计算规范》（GB 50854—2013）附录 D（砌筑工程）中，对砌筑工程工程量清单的项目设置、项目特征描述的内容、计量单位及工程量计算规则等做出了详细规定。计算规范将砌筑工程分为砖砌体、砌块砌体、石砌体和垫层四大类。其中砖砌体主要清单分项如表 6-2 所示。

表 6-2 砖砌体主要清单分项 (编号 010401)

项目编码	项目名称	项目特征	计量单位	工程量计算规则	工作内容
010401001	砖基础	(1) 砖品种、规格、强度等级； (2) 基础类型； (3) 砂浆强度等级； (4) 防潮层材料种类	m³	按设计图示尺寸以体积计算。 包括附墙垛基础宽出部分体积，扣除地梁（圈梁）、构造柱所占体积，不扣除基础大放脚T形接头处的重叠部分及嵌入基础内的钢筋、铁件、管道、基础砂浆防潮层和单个面积≤0.3m²的孔洞所占体积，靠墙暖气沟的挑檐不增加。 基础长度：外墙按外墙中心线，内墙按内墙净长线计算	(1) 砂浆制作、运输； (2) 砌砖； (3) 防潮层铺设； (4) 材料运输
010401003	实心砖墙	(1) 砖品种、规格、强度等级； (2) 墙体类型； (3) 砂浆强度等级、配合比		按设计图示尺寸以体积计算。 扣除门窗洞口、过人洞、空圈、嵌入墙内的钢筋混凝土柱、梁、圈梁、挑梁、过梁及凹进墙内的壁龛、管槽、暖气槽、消火栓箱所占体积，不扣除梁头、板头、檩头、垫木、木楞头、沿缘木、木砖、门窗走头、砖墙内加固钢筋、木筋、铁件、钢管及单个面积≤0.3m²的孔洞所占的体积。凸出墙面的腰线、挑檐、压顶、窗台线、虎头砖、门窗套的体积亦不增加。凸出墙面的砖垛并入墙体体积内计算。 1. 墙长度：外墙按中心线、内墙按净长计算。 2. 墙高度 (1) 外墙：与钢筋混凝土楼板隔层者算至板顶。平屋顶算至钢筋混凝土板底。 (2) 内墙：有钢筋混凝土楼板隔层者算至楼板底；有框架梁时算至梁底。 (3) 女儿墙：从屋面板上表面算至女儿墙顶面（如有混凝土压顶时算至压顶下表面）。 (4) 内、外山墙：按其平均高度计算。 3. 框架间墙：不分内外墙按墙体净尺寸以体积计算。 4. 围墙：高度算至压顶上表面（如有混凝土压顶时算至压顶下表面），围墙柱并入围墙体积内	(1) 砂浆制作、运输； (2) 砌砖； (3) 刮缝； (4) 砖压顶砌筑； (5) 材料运输
010401012	零星砌砖	(1) 零星砌砖名称、部位； (2) 砂浆强度等级、配合比	(1) m³ (2) m² (3) m (4) 个	(1) 以立方米计量，按设计图示尺寸截面积乘以长度计算； (2) 以平方米计量，按设计图示尺寸水平投影面积计算； (3) 以米计量，按设计图示尺寸长度计算； (4) 以个计量，按设计图示数量计算	(1) 砂浆制作、运输； (2) 砌砖； (3) 刮缝； (4) 材料运输

续表

项目编码	项目名称	项目特征	计量单位	工程量计算规则	工作内容
010404001	垫层	垫层材料种类、配合比、厚度	m³	按设计图示尺寸以立方米计算	(1) 垫层材料的拌制； (2) 垫层铺设； (3) 材料运输

第三节　砌筑工程清单工程量计量

一、砖基础

砖基础

砖基础的清单工程量是按图示尺寸以体积计算，包括附墙垛基础宽出部分体积，扣除地梁（圈梁）、构造柱所占体积，不扣除基础大放脚 T 形接头处的重叠部分（如图 6-2 所示）及嵌入基础内的钢筋、铁件、管道、基础砂浆防潮层（如图 6-3 所示）和单个面积≤0.3m² 的孔洞所占体积，靠墙暖气沟的挑檐不增加。计算公式为：

$$砖基础的清单工程量＝砖基础的断面面积×砖基础长度$$

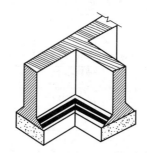

图 6-2　基础大放脚 T 形接头处的重叠部分示意图

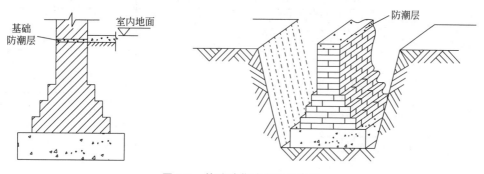

图 6-3　基础砂浆防潮层示意图

（一）砖基础的断面面积应如何计算

砖基础一般为大放脚形式，大放脚有等高式与间隔式两种，如图 6-4 所示。

由于砖基础的大放脚具有一定的规律性，所以可将各种标准砖墙厚度的大放脚增加断面面积按墙厚折成高度。预先把砖基础大放脚的折加高度及大放脚增加的断面面积编制成表格，

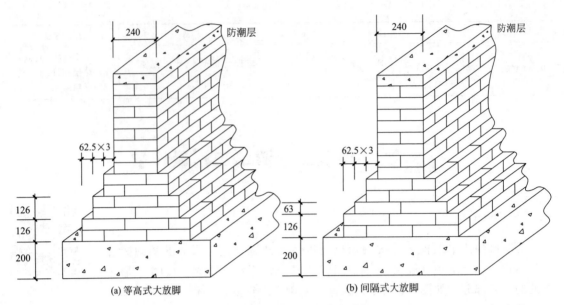

图 6-4　砖基础大放脚的两种形式

计算基础工程量时，就可直接查折加高度和大放脚增加的断面积表，如表 6-3 所示。

$$折加高度 = \frac{大放脚增加的面积}{墙厚} = \frac{2S_1}{D}$$

表 6-3　砖基础等高式、间隔式大放脚折加高度和大放脚增加断面积表

	放脚层数		一	二	三	四	五	六	七	八	九	十
折加高度 /m	半砖 0.115	等高	0.137	0.411								
		间隔	0.137	0.342								
	一砖 0.240	等高	0.066	0.197	0.394	0.656	0.984	1.378	1.838	2.363	2.953	3.61
		间隔	0.066	0.164	0.328	0.525	0.788	1.083	1.444	1.838	2.297	2.789
	1.5 砖 0.365	等高	0.043	0.129	0.259	0.432	0.647	0.906	1.208	1.553	1.942	2.372
		间隔	0.043	0.108	0.216	0.345	0.518	0.712	0.949	1.208	1.51	1.834
	两砖 0.490	等高	0.032	0.096	0.193	0.321	0.482	0.672	0.90	1.157	1.447	1.768
		间隔	0.032	0.08	0.161	0.253	0.38	0.53	0.707	0.90	1.125	1.366
	2.5 砖 0.615	等高	0.026	0.077	0.154	0.256	0.384	0.538	0.717	0.922	1.153	1.409
		间隔	0.026	0.064	0.128	0.205	0.307	0.419	0.563	0.717	0.896	1.088
	三砖 0.740	等高	0.021	0.064	0.128	0.213	0.319	0.447	0.596	0.766	0.958	1.171
		间隔	0.021	0.053	0.106	0.17	0.255	0.351	0.468	0.596	0.745	0.905
增加断面 面积/m²		等高	0.016	0.047	0.095	0.158	0.236	0.236	0.331	0.441	0.567	0.709
		间隔	0.016	0.039	0.079	0.126	0.189	0.260	0.347	0.441	0.551	0.669

折加高度计算方法示意图如图 6-5 所示。

（1）等高式大放脚：按标准砖双面放脚每层等高 12.6cm，砌出 6.25cm 计算。

（2）间隔式大放脚：按标准砖双面放脚，最底下一层放脚高度为 12.6cm，往上为 6.3cm 和 12.6cm 间隔放脚。

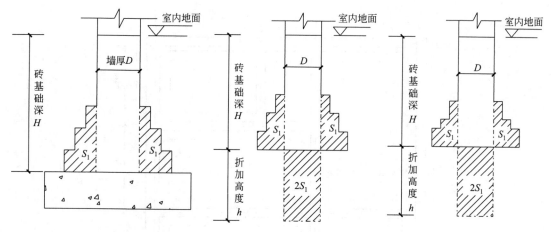

图 6-5　折加高度计算方法示意图

砖基础断面面积的计算公式如下：

（1）砖基础的断面面积（S）＝标准墙厚×（设计基础高度＋大放脚折加高度）

（2）砖基础的断面面积（S）＝标准墙厚面积＋大放脚增加的面积

（二）如何计算砖基础的长度

砖基础的长度计算分为外墙和内墙，外墙墙基的长度按外墙中心线计算；内墙墙基的长度按内墙的净长度计算。

【例 6-1】　图 6-6 是某建筑的砖基础平面图和剖面图，试求砖基础的清单工程量，并编制其招标工程量清单。

【解】　砖基础的清单工程量＝砖基础的断面面积×砖基础长度

（1）外墙砖基础

① 外墙砖基础的断面面积：$S_{外}$＝标准墙厚×（设计基础高度＋大放脚折加高度）

设计基础高度：H_1＝1.7－0.2＝1.5（m）

大放脚折加高度：由剖面图可知，外墙砖基础为 1.5 砖 5 层间隔式大放脚，查表可知大放脚折加高度为 0.518m。

$$S_{外}＝0.365×(1.5＋0.518)＝0.737（m^2）$$

②外墙中心线长度：

$$L_{中}＝[(2.1＋4.5＋0.25×2－0.37)＋(2.1＋2.4＋1.5＋0.25×2－0.37)]×2$$
$$＝25.72（m）$$

③ 外墙砖基础清单工程量：$V_{外}＝S_{外}×L_{中}＝0.737×25.72＝18.96（m^3）$

（2）内墙砖基础

① 内墙砖基础的断面面积：$S_{内}$＝标准墙厚×（设计基础高度＋大放脚折加高度）

设计基础高度：H_2＝1.2－0.2＝1（m）

大放脚折加高度：由剖面图可知，外墙砖基础为 1 砖 3 层等高式大放脚，查表可知大放脚折加高度为 0.394m。

$$S_{内}＝0.24×(1＋0.394)＝0.335（m^2）$$

② 内墙的净长度：

$$L_{内}＝(6－0.24)＋(6.6－0.24×2)＋(4.5－0.24)＋(2.1－0.24)＝18（m）$$

③ 内墙砖基础清单工程量：$V_{内}＝S_{内}×L_{内}＝0.335×18＝6.03（m^3）$

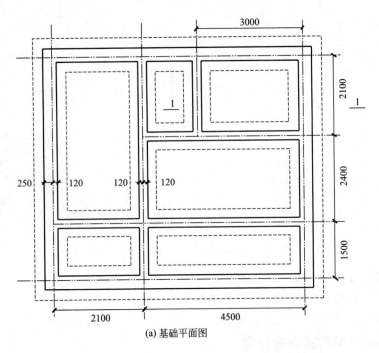

(a) 基础平面图

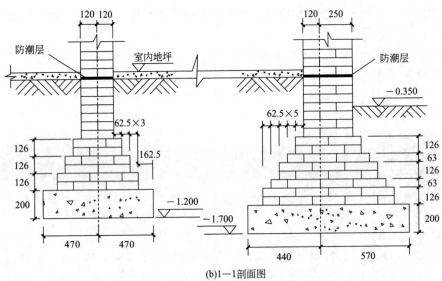

(b)1—1剖面图

图 6-6　砖基础的平面图和剖面图

（3）砖基础清单工程量$=V_外+V_内=18.96+6.03=24.99$（$m^3$）

砖基础招标工程量清单如表 6-4 所示。

表 6-4　砖基础招标工程量清单表

项目编码	项目名称	项目特征描述	计量单位	工程量
010401001001	砖基础	（1）条形基础； （2）内墙基础深度 1m； （3）外墙基础深度 1.5m	m^3	24.99

二、实心砖墙

砖墙

砖墙的清单工程量 $=\big($ 墙长 $\times$ 墙高 $-\sum$ 嵌入墙身的门窗洞孔的面积 $\big) \times$

墙厚 $-\sum$ 嵌入墙身的构件的体积

其中：

（1）墙长的确定。外墙长度按外墙中心线计算；内墙长度按内墙的净长度计算。

（2）墙高的确定。

① 外墙墙身高度：平屋面带挑檐天沟的算至钢筋混凝土板底，平屋面有女儿墙的算到板顶，如图 6-7 所示。

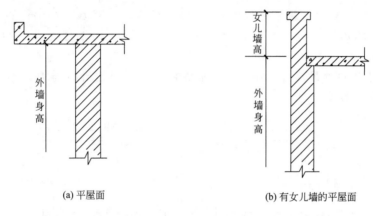

(a) 平屋面　　　　　　　　　　(b) 有女儿墙的平屋面

图 6-7　外墙墙身高度示意图

② 内墙墙身高度：有钢筋混凝土楼板隔层者算至板底，有框架梁时算至梁底面，如图 6-8 所示。

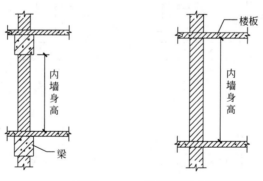

(a) 有框架梁的钢筋混凝土隔层　　　(b) 钢筋混凝土楼板隔层间的内墙

图 6-8　内墙墙身高度示意图

③ 女儿墙的高度：自外墙顶面（屋面板顶面）至图示女儿墙顶面高度，分别以不同墙厚并入外墙计算，如图 6-9 所示。

④ 围墙的高度：高度算至压顶上表面（如有混凝土压顶时算至压顶下表面），围墙柱并入围墙体积内。

（3）墙厚的确定。按照前面讲的标准砖墙厚度确定。

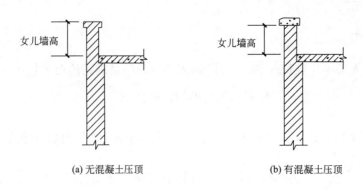

(a) 无混凝土压顶   (b) 有混凝土压顶

图 6-9 女儿墙高度示意图

【例 6-2】 某单层建筑物平面如图 6-10 (a) 所示, 立面如图 6-10 (b) 所示。其中, M-1 的尺寸为 1000mm×2100mm, M-2 的尺寸为 2200mm×2400mm, C-1 的尺寸为 1500mm×1500mm。内墙厚度和女儿墙厚度均为一砖墙, 外墙为一砖半墙, 板厚 120mm, 混凝土压顶的厚度为 60mm。请根据图示尺寸分别计算砖内、外墙的清单工程量, 并编制招标工程量清单。

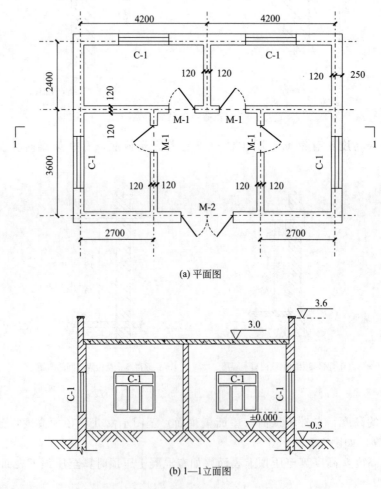

(a) 平面图

(b) 1—1立面图

图 6-10 某单层建筑物平面图与立面图

【解】 （1）外墙的清单工程量：$V_{外墙}=(L_{中}\times H_{外}-S_{外门窗})\times 外墙厚$

① 外墙中心线长度：

$L_{中}=[(3.6+2.4-0.24+0.37)+(4.2\times 2-0.24+0.37)]\times 2=29.32（m）$

② 外墙高度：$H_{外}=3.0m$

③ 应扣外墙上门窗洞的面积：$S_{外门窗}=1.5\times 1.5\times 4+2.2\times 2.4=14.28（m^2）$

④ $V_{外墙}=(29.32\times 3.0-14.28)\times 0.365=26.89（m^3）$

（2）内墙的清单工程量：$V_{内墙}=(L_{内}\times H_{内}-S_{内门窗})\times 内墙厚$

① 内墙净长度：$L_{内}=(4.2\times 2-0.24)+(2.4-0.24)+(3.6-0.24)\times 2=17.04（m）$

② 内墙净高：$H_{内}=3.0-0.12=2.88（m）$

③ 应扣内墙上门窗洞的面积：$S_{内门窗}=1\times 2.1\times 4=8.4（m^2）$

④ $V_{内墙}=(17.04\times 2.88-8.4)\times 0.24=9.76（m^3）$

（3）女儿墙的清单工程量$=L_{女中}\times H_{女}\times 女儿墙厚$

① $L_{女中}=[(3.6+2.4+0.25\times 2-0.24)+(4.2\times 2+0.25\times 2-0.24)]\times 2$

$=(6.26+8.66)\times 2=29.84（m）$

② 女儿墙高度：$H_{女}=3.6-3.0=0.6（m）$

③ $V_{女儿墙}=29.84\times 0.6\times 0.24=4.3（m^3）$

（4）外墙清单工程量$=V_{外}+V_{女儿墙}=26.89+4.3=31.19（m^3）$

内墙清单工程量：$9.76m^3$

实心砖墙招标工程量清单如表 6-5 所示。

表 6-5 实心砖墙招标工程量清单表

项目编码	项目名称	项目特征描述	计量单位	工程量
010401003001	外墙实心砖墙	（1）外墙，墙体厚 365mm，高 3.1m （2）女儿墙，墙体厚 240mm，高 0.9m	m^3	31.19
010401003002	内墙实心砖墙	内墙，墙体厚 240mm，高 3m	m^3	9.76

三、零星砌砖与砌块砌体

（1）如何计算零星砌砖的清单工程量？

零星砌砖的清单工程量按设计图示尺寸以体积计算，应扣除混凝土及钢筋混凝土梁垫、梁头、板头所占的体积。零星砌砖项目适用于台阶、台阶挡墙、梯带、锅台、炉灶、蹲台、池槽、池槽腿、花台、花池、楼梯栏板、阳台栏板、地垄墙、屋面隔热板下的砖墩、$0.3m^2$孔洞填塞等，应按零星砌砖项目编码列项。

砖砌锅台与炉灶可按外形尺寸以个计算，砖砌台阶可按水平投影面积以平方米计算，小便槽、地垄墙可按长度计算，其他工程量按立方米计算。

（2）如何计算砌块砌体的清单工程量？

砌块砌体的清单工程量与实心砖墙的计算方法相同。

四、垫层

垫层的清单工程量按设计图示尺寸以体积计算。

温馨提示：混凝土垫层应按本规范附录 E 混凝土及钢筋混凝土中相关项目编码列项，没有包括垫层要求的清单项目应按本章垫层进行编码列项，并计算其清单工程量。

第四节 砌筑工程工程量清单计价

一、砖基础

（一）确定清单分项的组价内容

《房屋建筑与装饰工程工程量计算规范》（GB 50854—2013）规定：砖基础的工作内容包括砂浆制作和运输、砌砖、防潮层铺设、材料运输，对应的定额包括砖基础和防潮层两个定额分项。

（二）组价内容的计价工程量计算规则

（1）砖基础的计价工程量。与清单工程量的计算方相同。

（2）防潮层。砖基础的防潮层，按砖基础的宽度乘以砖基础的长度以立方米计算。砖基础的长度：外墙按中心线，内墙按净长线计算。

【例 6-3】 对［例 6-1］中砖基础的工程量清单进行计价。已知防潮层为防水砂浆普通平面铺设。

【解】 ① 根据《计算规范》中砖基础的项目特征和工作内容可知，其组价内容有砖基础和防潮层两个定额分项。

② 计算计价工程量

砖基础的计价工程量：与清单工程量相等为 $24.99m^3$

防潮层的计价工程量：砖基础的宽度×砖基础的长度＝外墙砖基础的宽度×外墙砖基础的长度＋内墙砖基础的宽度×内墙砖基础的长度＝$0.365 \times 25.72 + 0.24 \times 18 = 13.71$（$m^2$）

③ 某省与砖基础相关的最新预算定额如表 6-6 所示。由建设工程费用定额可知，建筑工程管理费和利润的计费基础是定额工料机，费率分别为 8.48％和 7.04％。

表 6-6 砖基础组价定额子目表

定 额 编 号		A4-1（单位：$10m^3$）	A8-154（单位：$100m^2$）
项 目		砖基础	防水砂浆
			普通
			平面
预算价格/元		3774.92	1597.43
其中	人工费/元	1341.25	858.75
	材料费/元	2371.53	687.20
	机械费/元	62.14	51.48

砖基础的综合单价分析表如表 6-7 所示。

表 6-7　砖基础工程量清单综合单价分析表

项目编码	010401001001	项目名称		砖基础		计量单位		m³	工程量	24.99

				清单综合单价组成明细						
定额编号	定额名称	定额单位	数量	单价/元				合价/元		
				人工费	材料费	机械费	管理费和利润	人工费	材料费	机械费	管理费和利润
A4-1	砖基础	10m³	2.499	1341.25	2371.53	62.14	—	3351.78	5926.45	155.29	1464.08
A8-154	防潮层	100m²	0.1371	858.75	687.20	51.48	—	117.73	94.22	7.06	33.99
小计/元								3469.51	6020.67	162.35	1498.07
清单项目综合单价/元								446.20			

二、实心砖墙

(一)确定清单分项的组价内容

《房屋建筑与装饰工程工程量计算规范》(GB 50854—2013)规定:实心砖墙的工作内容包括砂浆制作、运输,砌砖,刮缝,砖压顶砌筑,材料运输,对应的定额是砌砖定额分项。

(二)组价内容的计价工程量计算规则

实心砖墙的计价工程量与清单工程量的计算方法完全相同

【例 6-4】　对 [例 6-2] 中实心砖墙的工程量清单进行计价。

【解】　① 根据《工程量计算规范》中实心砖墙的项目特征和工作内容,可知其组价内容只有砌砖一项定额分项。

② 计算计价工程量

$$内墙的计价工程量 = 9.76 (m^3)$$
$$外墙的计价工程量 = 31.19 (m^3)$$

③ 某省与实心砖墙相关的最新预算定额如表 6-8 所示。由建设工程费用定额可知,建筑工程管理费和利润的计费基础是定额工料机,费率分别为 8.48% 和 7.04%。

表 6-8　实心砖墙组价定额子目表　　　　　　　　　　　　　　10m³

定　额　编　号		A4-3	A4-5
项　　目		内墙	外墙
		365mm 厚以内	365mm 厚以内
预算价格/元		4100.66	4240.34
其中	人工费/元	1630.00	1742.50
	材料费/元	2410.30	2435.70
	机械费/元	60.36	62.14

实心砖墙内墙工程量清单综合单价分析表如表 6-9 所示。

表 6-9　实心砖墙内墙工程量清单综合单价分析表

项目编码	010401002002	项目名称		实心砖墙		计量单位	m³	工程量	9.76
清单综合单价组成明细									
定额编号	定额名称	定额单位	数量	单价/元				合价/元	

定额编号	定额名称	定额单位	数量	人工费	材料费	机械费	管理费和利润	人工费	材料费	机械费	管理费和利润
A4-3	内墙	10m³	0.976	1630.00	2410.30	60.36	—	1590.88	2352.45	58.91	621.15
清单项目综合单价/元								473.71			

实心砖墙外墙工程量清单综合单价分析表如表 6-10 所示。

表 6-10　实心砖墙外墙工程量清单综合单价分析表

项目编码	010401002001	项目名称		实心砖墙		计量单位	m³	工程量	31.19
清单综合单价组成明细									
定额编号	定额名称	定额单位	数量	单价/元				合价/元	

定额编号	定额名称	定额单位	数量	人工费	材料费	机械费	管理费和利润	人工费	材料费	机械费	管理费和利润
A4-5	外墙	10m³	3.119	1742.50	2435.70	62.14	—	5434.86	7596.95	193.81	2052.62
清单项目综合单价/元								489.84			

三、零星砌砖与砌块砌体

（一）确定清单分项的组价内容

《房屋建筑与装饰工程工程量计算规范》（GB 50854—2013）规定：零星砌砖与砌块砌体的工作内容包括砂浆制作、运输，砌砖，刮缝，材料运输，对应的定额仅包括清单主项一个定额分项。

（二）组价内容的计价工程量计算规则

（1）如何计算零星砌砖的计价工程量？

零星砌体包括台阶、台阶挡墙、厕所蹲台、小便池槽、水池槽腿、花台、花池、地垄墙、屋面隔热板下的砖墩等，其工程量均按实砌体积以立方米计算。

砖砌炉灶不分大小，均按图示外形尺寸以立方米计算，不扣除各种空洞的体积，套用炉灶定额。

（2）如何计算砌块砌体的计价工程量？

砌块砌体的计价工程量与实心砖墙的计算方法相同。

四、垫层

（一）确定清单分项的组价内容

《房屋建筑与装饰工程工程量计算规范》（GB 50854—2013）规定：垫层的工作内容包

括垫层材料的拌制、垫层铺设和材料运输，对应的定额仅包括垫层一个定额分项。

（二）组价内容的计价工程量计算规则

垫层的计价工程量按设计图示面积乘以厚度以立方米计算。其面积的计算方法：带形基础垫层面积，外墙以外墙中心线长度乘以宽度计算，内墙以垫层面的净长度乘以宽度计算；其他垫层面积，以垫层的长度乘以宽度计算。

本章小结

本章主要介绍了砌筑工程的基本概念，详细阐述了如何区分基础和墙身，以及砌体厚度的确定。重点介绍了砌筑工程部分常用项目，砖基础和砖墙体的清单分项特点、清单工程量和计价工程的计算规则，以及相关工程量清单的编制及工程量清单计价。在学习过程中应熟练掌握砌筑工程的清单工程量计量与工程量清单计价。

本章思考题

（1）请分别阐述砖基础、实心砖墙的清单工程量和计价工程量的计算规则。

（2）如何确定基础和墙身的划分界限？

（3）零星砌体的清单工程量如何计算？

（4）标准砖墙的计算厚度如何确定？

实训作业

完成案例工程的砖墙的清单工程量和计价工程量的计算。

第七章 钢筋混凝土工程计量与计价

问题导入

什么是钢筋混凝土工程？该工程在计算工程量时包括哪几大块？混凝土工程、钢筋工程及模板包含哪些主要清单分项？如何根据《房屋建筑与装饰工程工程量计算规范》（GB 50854—2013）和各地区的预算定额对混凝土工程、钢筋工程、混凝土模板工程进行清单工程量计量与清单计价？

本章内容框架

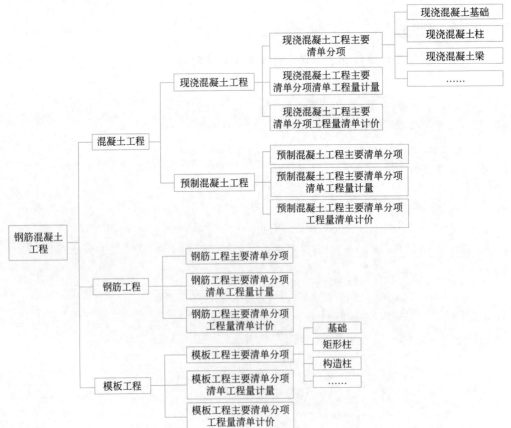

学习目标

（1）掌握混凝土工程、钢筋工程和混凝土模板工程清单计算规范中的相关解释；

（2）重点掌握《房屋建筑与装饰工程工程量计算规范》（GB 50854—2013）中的混凝土工程、钢筋工程和模板工程的主要清单分项的清单工程量计算规则及其招标工程量清单的编制；

（3）重点掌握凝土工程和混凝土模板工程的工程量清单计价。

第一节 混凝土工程计量与计价

一、现浇混凝土工程主要清单分项

现浇混凝土工程在《房屋建筑与装饰工程工程量计算规范》（GB 50854—2013）中主要包括现浇混凝土基础、现浇混凝土柱、现浇混凝土梁、现浇混凝土墙、现浇混凝土板、整体楼梯等8个方面共39个项目。表7-1～表7-7列出了部分常用混凝土项目相关清单分项的内容。

表 7-1 现浇混凝土基础（编号：010501）

项目编码	项目名称	项目特征	计量单位	工程量计算规则	工作内容
010501001	垫层	（1）混凝土类别；（2）混凝土强度等级	m³	按设计图示尺寸以体积计算。不扣除构件内钢筋、预埋铁件和伸入承台基础的桩头所占体积	（1）模板及支撑制作、安装、拆除、堆放、运输及清理模内杂物、刷隔离剂等；（2）混凝土制作、运输、浇筑、振捣、养护
010501002	带形基础				
010501003	独立基础				
010501004	满堂基础				

表 7-2 现浇混凝土柱（编号：010502）

项目编码	项目名称	项目特征	计量单位	工程量计算规则	工作内容
010502001	矩形柱	（1）混凝土类别；（2）混凝土强度等级	m³	按设计图示尺寸以体积计算。柱高：（1）有梁板的柱高，应自柱基上表面（或楼板上表面）至上一层楼板上表面之间的高度计算；（2）无梁板的柱高，应自柱基上表面（或楼板上表面）至柱帽下表面之间的高度计算；（3）框架柱的柱高，应自柱基上表面至柱顶高度计算；（4）构造柱按全高计算，嵌接墙体部分（马牙槎）并入柱身体积；（5）依附柱上的牛腿和升板的柱帽，并入柱身体积计算	（1）模板及支架（撑）制作、安装、拆除、堆放、运输及清理模内杂物、刷隔离剂等；（2）混凝土制作、运输、浇筑、振捣、养护
010502002	构造柱				

表 7-3　现浇混凝土梁（编号：010503）

项目编码	项目名称	项目特征	计量单位	工程量计算规则	工作内容
010503001	基础梁	（1）混凝土类别；（2）混凝土强度等级	m³	按设计图示尺寸以体积计算。伸入墙内的梁头、梁垫并入梁体积内。梁长：（1）梁与柱连接时，梁长算至柱侧面；（2）主梁与次梁连接时，次梁长算至主梁侧面	（1）模板及支架（撑）制作、安装、拆除、堆放、运输及清理模内杂物、刷隔离剂等；（2）混凝土制作、运输、浇筑、振捣、养护
010503002	矩形梁				
010503004	圈梁				
010503005	过梁				

表 7-4　现浇混凝土墙（编号：010504）

项目编码	项目名称	项目特征	计量单位	工程量计算规则	工作内容
010504001	直形墙	（1）混凝土类别；（2）混凝土强度等级	m³	按设计图示尺寸以体积计算。扣除门窗洞口及单个面积>0.3m² 的孔洞所占体积，墙垛及突出墙面部分并入墙体体积计算内	（1）模板及支架（撑）制作、安装、拆除、堆放、运输及清理模内杂物、刷隔离剂等；（2）混凝土制作、运输、浇筑、振捣、养护

表 7-5　现浇混凝土板（编号 010505）

项目编码	项目名称	项目特征	计量单位	工程量计算规则	工作内容
010505001	有梁板	（1）混凝土类别；（2）混凝土强度等级	m³	按设计图示尺寸以体积计算。不扣除单个面积≤0.3m² 的柱、垛及孔洞所占体积。压形钢板混凝土楼板扣除构件内压形钢板所占体积。有梁板（包括主、次梁与板）按梁、板体积之和计算，无梁板按板和柱帽体积之和计算，各类板伸入墙内的板头并入板体积内，薄壳板的肋、基梁并入薄壳体积内计算	（1）模板及支架（撑）制作、安装、拆除、堆放、运输及清理模内杂物、刷隔离剂等；（2）混凝土制作、运输、浇筑、振捣、养护
010505002	无梁板				
010505003	平板				
010505006	栏板				
010505007	天沟（檐沟）、挑檐板			按设计图示尺寸以体积计算	
010505008	雨篷、悬挑板、阳台板			按设计图示尺寸以墙外部分体积计算。包括伸出墙外的牛腿和雨篷反挑檐的体积	
010505010	其他板			按设计图示尺寸以体积计算	

表 7-6　现浇混凝土楼梯（编号 010506）

项目编码	项目名称	项目特征	计量单位	工程量计算规则	工作内容
010506001	直形楼梯	（1）混凝土类别；（2）混凝土强度等级	（1）m²（2）m³	（1）以平方米计量，按设计图示尺寸以水平投影面积计算。不扣除宽度≤500mm 的楼梯井，伸入墙内部分不计算；（2）以立方米计量，按设计图示尺寸以体积计算	（1）模板及支架（撑）制作、安装、拆除、堆放、运输及清理模内杂物、刷隔离剂等；（2）混凝土制作、运输、浇筑、振捣、养护

表 7-7　现浇混凝土其他构件（编号：010507）

项目编码	项目名称	项目特征	计量单位	工程量计算规则	工作内容
010507001	散水、坡道	（1）垫层材料种类、厚度 （2）面层厚度 （3）混凝土类别 （4）混凝土强度等级 （5）变形缝填塞材料种类	m²	以平方米计量，按设计图示尺寸以面积计算。不扣除单个≤0.3m² 的孔洞所占面积	（1）地基夯实； （2）铺设垫层； （3）模板及支撑制作、安装、拆除、堆放、运输及清理模内杂物、刷隔离剂等； （4）混凝土制作、运输、浇筑、振捣、养护； （5）变形缝填塞
010507002	室外地坪				
010507004	台阶	1. 踏步高宽比 2. 混凝土类别 3. 混凝土强度等级	（1）m² （2）m³	（1）以平方米计量，按设计图示尺寸水平投影面积计算； （2）以立方米计量，按设计图示尺寸以体积计算	（1）模板及支撑制作、安装、拆除、堆放、运输及清理模内杂物、刷隔离剂等； （2）混凝土制作、运输、浇筑、振捣、养护
010507005	扶手、压顶	1. 断面尺寸 2. 混凝土类别 3. 混凝土强度等级	（1）m （2）m³	（1）以米计量，按设计图示的延长米计算； （2）以立方米计量，按设计图示尺寸以体积计算	（1）模板及支架（撑）制作、安装、拆除、堆放、运输及清理模内杂物、刷隔离剂等； （2）混凝土制作、运输、浇筑、振捣、养护

二、现浇混凝土工程清单工程量计量

（一）现浇混凝土基础

（1）混凝土基础和墙、柱的分界线如何划分？

混凝土基础和墙、柱的分界线：以混凝土基础的扩大顶面为界，以下为基础，以上为柱或墙。如图 7-1 所示。

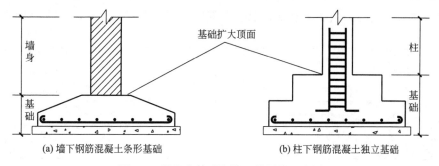

(a) 墙下钢筋混凝土条形基础　　(b) 柱下钢筋混凝土独立基础

图 7-1　混凝土基础和墙、柱划分示意图

（2）现浇混凝土基础主要分为哪几种？

现浇混凝土基础可分为垫层、带形基础、独立基础、满堂基础、桩承台基础和设备基础。

（3）如何计算垫层的清单工程量？

垫层的清单工程量计算规则是按照图示尺寸以实体体积计算，如果是

垫层

条形基础的垫层，则

$$垫层的体积＝基础垫层的断面积×垫层的长度$$

其中：外墙基础垫层为其中心线长度；内墙基础垫层为垫层之间的净长度。

如果是独立基础或满堂基础的垫层，则

$$垫层的体积＝垫层的面积×垫层的厚度$$

（4）如何计算带形基础的清单工程量？

带形基础

① 带形基础按其形式不同，可分为哪几种形式？

带形基础按其形式不同，可分为无梁式（板式）混凝土基础和有梁式（带肋）混凝土基础两种。当有梁式（带肋）混凝土带形基础的肋高与肋宽之比在 4：1 以内时，才能视作有梁式带形基础；超过 4：1 时，起肋部分视作墙身，肋以下部分视作无梁式带形基础，如图 7-2 所示。

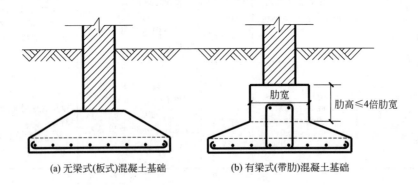

(a) 无梁式(板式)混凝土基础　　(b) 有梁式(带肋)混凝土基础

图 7-2　带形混凝土基础

② 带形混凝土基础的工程量具体如何计算？

带形混凝土基础的工程量＝外墙基础断面积×外墙基础长度＋内墙基础断面积×内墙基础长度

外墙基础长度：为外墙为其中心线长度（$L_{中}$）；内墙基础长度：为基础间净长度。

当基础为无梁式断面时，内墙下无梁式混凝土带形基础的工程量计算，如图 7-3 所示。当基础为有梁式断面时，内墙下有梁式混凝土带形基础的工程量计算，如图 7-4 所示。

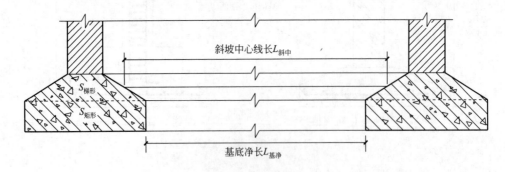

图 7-3　内墙下无梁式混凝土带形基础工程量的简便计算图

温馨提示：当对工程量计算精度要求不高时，可用以下方法简便计算无梁式内墙下混凝土带形基础的工程量。

$$V_{无梁}＝S_{梯形}×L_{斜中}＋S_{矩形}×L_{基净}$$

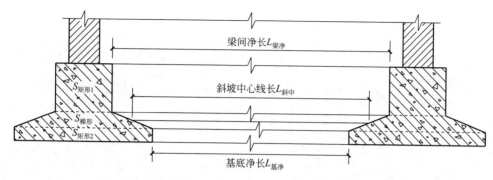

图 7-4　内墙下有梁式混凝土带形基础工程量的简便计算图

温馨提示：当对工程量计算精度要求不高时，可用以下方法简便计算有梁式内墙下混凝土带形基础的工程量。$V_{有梁}=S_{矩形1} \times L_{梁净}+S_{梯形} \times L_{斜中}+S_{矩形2} \times L_{基底}$

温馨提示：有肋带形基础、无肋带形基础应按现浇混凝土基础表中相关项目列项，并注明肋高。

（5）如何计算钢筋混凝土柱下独立基础的清单工程量？

常见的钢筋混凝土独立基础按其断面形状可分为坡形、阶形独立基础，如图 7-5 所示。其清单工程量的计算规则按设计图示尺寸以体积计算，不扣除构件内钢筋、预埋铁件和伸入承台基础的桩头所占体积。

独立基础

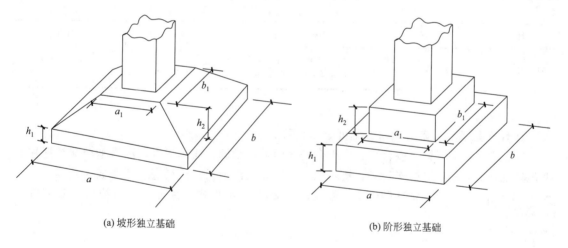

(a) 坡形独立基础　　　　　　　　　(b) 阶形独立基础

图 7-5　钢筋混凝土柱下独立基础

① 坡形独立基础的工程量具体如何计算？

$$V_{坡形基础}=abh_1+\frac{h_2}{6}\left[ab+a_1 b_1+(a+a_1)(b+b_1)\right]$$

② 阶形独立基础的工程量具体如何计算？

$$V_{阶形基础}=abh_1+a_1 b_1 h_2$$

【例 7-1】　已知图 7-6 的基础为预拌商品混凝土独立基础，强度等级为 C15，试计算该现浇混凝土独立基础的清单工程量并编制其招标工程量清单。

【解】　根据独立基础的清单工程量计算规则，该独立基础的清单工程量＝$1.08 \times 1.08 \times 0.24+0.6 \times 0.6 \times 0.24=0.37$（m³）

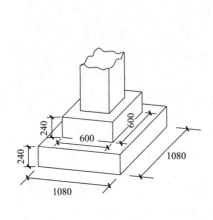
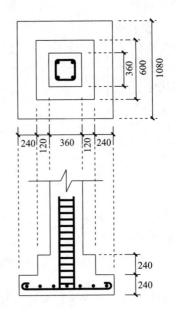

图 7-6　预拌商品混凝土独立基础

现浇混凝土独立基础招标工程量清单见表 7-8。

表 7-8　现浇混凝土独立基础招标工程量清单表

项目编码	项目名称	项目特征描述	计量单位	工程量
010501003001	独立基础	混凝土种类：预拌商品混凝土 混凝土强度等级：C20	m³	0.37

（6）满堂基础

① 什么是满堂基础？满堂基础可分为几种形式？

满堂基础是指用梁、板、墙、柱组合浇注而成的基础。简单来讲，满堂基础就是把柱下独立基础或条形基础用梁连起来，然后在下面整体浇注地板，使得底板和梁成为整体。

满堂基础

满堂基础包括：板式（无梁式）、梁板式（片筏式）和箱形满堂基础三种主要形式。

② 如何计算满堂基础的清单工程量？

满堂基础的清单工程量应按不同构造形式分别计算。

● 板式（无梁式）满堂基础，如图 7-7 所示。

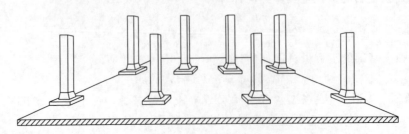

图 7-7　板式（无梁式）满堂基础

板式（无梁式）满堂基础的工程量：$V=$ 基础底板体积＋柱墩体积

● 梁板式（片筏式）满堂基础，如图 7-8 所示。

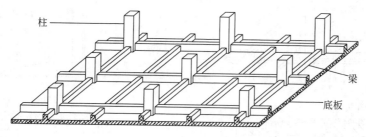

图 7-8 梁板式（片筏式）满堂基础

梁板式（片筏式）满堂基础的工程量：$V=$ 基础底板体积＋梁体积

● 箱形满堂基础，如图 7-9 所示。

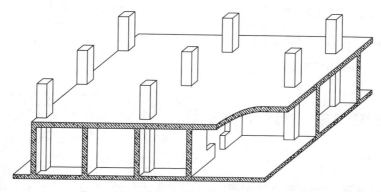

图 7-9 箱形满堂基础

箱形满堂基础的清单工程量，应分别按板式（无梁式）满堂基础、柱、墙、梁、板有关规定计算。关于箱形基础的列项，可按清单附录中相关的满堂基础、柱、梁、墙、板分别编码列项。

（二）现浇混凝土柱

（1）现浇混凝土柱的清单工程量应如何计算？

现浇混凝土柱的清单工程量按图示断面尺寸乘以柱高以体积计算。其中，柱高按下列规定确定，如图 7-10 所示。

① 有梁板的柱高，应自柱基上表面（或楼板上表面）至上一层楼板上表面之间的高度计算。

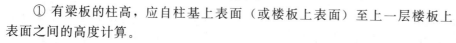

框架柱

② 无梁板的柱高，应自柱基上表面（或楼板上表面）至柱帽下表面之间的高度计算。

③ 框架柱的柱高应自柱基上表面至柱顶的高度计算。

（2）构造柱的清单工程量如何计算？

构造柱的清单工程量计算规则均按设计图示尺寸以体积计算。不扣除构件内钢筋，预埋铁件所占体积。构造柱按全高计算，嵌接墙体部分（马牙槎）并入柱身体积内。

① 构造柱高：由于构造柱根部一般锚固在地圈梁内，因此，构造柱高应自地圈梁的顶部至柱顶部的高度计算，如图 7-10 所示。

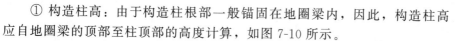

构造柱

② 构造柱横截面积：构造柱一般是先砌砖后浇混凝土。在砌砖时一般每隔五皮砖

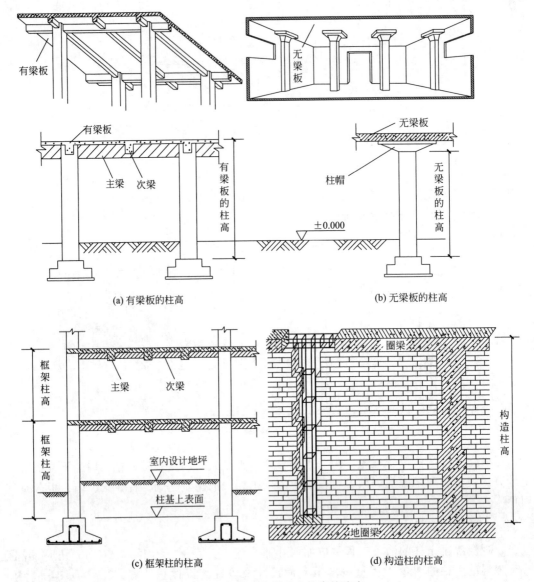

图 7-10　各种现浇混凝土柱高的确定

（约 300mm）两边各留一马牙槎。如果是砖砌体，槎口宽度一般为 60mm；如果是砌块，槎口宽度一般为 100mm。计算构造柱体积时，与墙体嵌接部分的体积应并入到柱身的体积内计算。因此，可按基本截面宽度两边各加 30mm 计算。不同横截面积折算的具体计算方法如下：

一字形构造柱，如图 7-11（a）所示。折算的横截面积为：

$$S = (d_1 + 0.06) \times d_2$$

十字形构造柱，如图 7-11（b）所示。折算的横截面积为：

$$S = (d_1 + 0.06) \times d_2 + 0.06 \times d_1$$

L 形构造柱，如图 7-11（c）所示。折算的横截面积为：

$$S = (d_1 + 0.03) \times d_2 + 0.03 \times d_1$$

T 形构造柱，如图 7-11（d）所示。折算的横截面积为：

$$S = (d_1 + 0.06) \times d_2 + 0.03 \times d_1$$

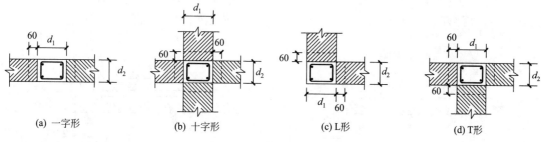

图 7-11 构造柱的四种断面示意图

③构造柱的工程量：$V =$ 构造柱的折算横截面积×构造柱高

（三）现浇混凝土梁

（1）现浇混凝土梁可分为哪几种，分别是什么？

现浇混凝土梁可分为基础梁、矩形梁、异形梁、圈梁和过梁等。

① 基础梁：独立基础间承受墙体荷载的梁，多用于工业厂房中，如图 7-12 所示。

② 矩形梁：断面为矩形的梁。

③ 异形梁：断面为梯形或其他变截面的梁。

④ 圈梁：砌体结构中加强房屋刚度的水平封闭梁。

⑤ 过梁：门、窗、孔洞上设置的横梁。

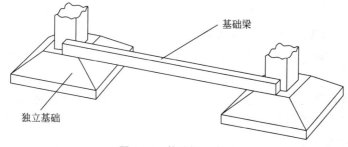

图 7-12 基础梁示意图

矩形梁

（2）现浇混凝土梁的清单工程量如何计算？

现浇混凝土梁的清单工程量按设计图示尺寸以体积计算。不扣除构件内钢筋、预埋铁件所占体积，伸入墙内的梁头、梁垫并入梁体积内。即：

梁体积＝梁的截面面积×梁长

梁的长度应如何确定？

① 梁与柱连接时，梁长算至柱侧面，如图 7-13 所示。

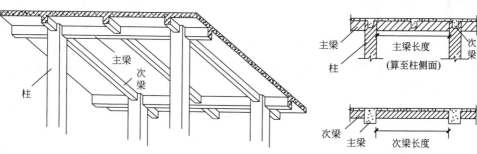

图 7-13 主梁、次梁长度示意图

② 主梁与次梁连接时，次梁长算至主梁侧面，如图 7-13 所示。

③ 圈梁与过梁连接时，分别套用圈梁、过梁清单项目，圈梁与过梁不易划分时，其过梁长度按门窗洞口外围两端共加 500mm 计算，其他按圈梁计算，如图 7-14 所示。

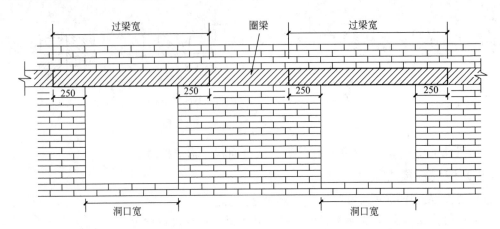

图 7-14 圈梁、过梁划分示意图

圈梁

④ 当梁与混凝土墙连接时，梁长算到混凝土墙的侧面。

⑤ 对于圈梁的长度，外墙上按外墙中心线计算，内墙按净长线计算。

温馨提示：圈梁和过梁连接时应该分开列项，工程量分别为：

（1）圈梁：$V_{圈梁} = 圈梁长度 \times S_{圈梁} - V_{过梁}$

（2）过梁：$V_{过梁} = (门窗洞口宽 + 0.5m) \times S_{圈梁}$

（四）现浇混凝土墙

混凝土墙

现浇混凝土墙包括直形墙、弧形墙、短肢剪力墙和挡土墙，现浇混凝土墙的清单工程量按设计图示尺寸以体积计算，不扣除构件内钢筋、预埋铁件所占体积，扣除门窗洞口及单个面积 $>0.3m^2$ 的孔洞所占体积，墙垛及突出墙面部分并入墙体体积计算内。

（五）现浇混凝土板

（1）现浇混凝土板包括哪些内容？

现浇混凝土板包括有梁板、无梁板、平板、拱板、薄壳板、栏板、天沟（檐沟）、挑檐板、雨篷、悬挑板、阳台板和其他板等。

（2）现浇混凝土几种主要板的清单工程量计算规则是什么？

现浇混凝土各种板的清单工程量均是按设计图示尺寸以体积计算，不扣除构件内钢筋、预埋铁件及单个面积 $\leq 0.3m^2$ 的柱、垛及孔洞所占体积，具体又分为以下几种情况。

有梁板

① 有梁板（包括主、次梁与板）的工程量按梁、板体积之和计算，如图 7-15（a）所示。

② 无梁板，是指不带梁，直接用柱头支撑的板，其工程量按板和柱帽体积之和计算，如图 7-15（b）所示。

③ 平板，是指无梁无柱、四边直接搁在圈梁或承重墙上的板，其工程量按板实体体积计算。有多种板连接时，应以墙中心线划分。

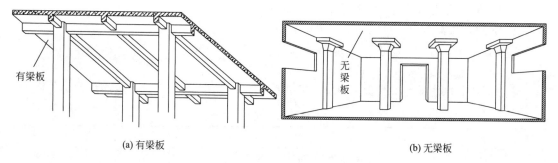

(a) 有梁板　　　　　　　　　　　　　　　　(b) 无梁板

图 7-15　有梁板、无梁板示意图

④ 栏板按设计图示尺寸以体积计算，不扣除构件内钢筋、预埋铁件及单个面积≤$0.3m^2$ 的柱、垛及孔洞所占体积。

⑤ 天沟（檐沟）、挑檐板按设计图示尺寸以体积计算。

⑥ 雨篷、悬挑板和阳台板，按设计图示尺寸以墙外部分体积计算，包括伸出墙外的牛腿和雨篷反挑檐的体积。

挑檐板

温馨提示：现浇挑檐、天沟板、雨篷、阳台与板（包括屋面板、楼板）连接时，以外墙外边线为分界线；与圈梁（包括其他梁）连接时，以梁外边线为分界线。外边线以外为挑檐、天沟、雨篷或阳台。如图 7-16 所示。

雨篷、悬挑板、阳台板

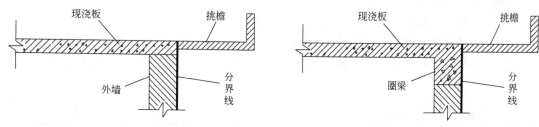

图 7-16　挑檐与现浇混凝土板的分界线

【例 7-2】　某建筑一层部分框架结构图如图 7-17 所示，请计算②-④轴间 KZ1、KL1、L1 的清单工程量并编制相应的招标工程量清单。已知混凝土结构构件为预拌商品混凝土，混凝土强度等级柱为 C30，梁为 C20，层高 3m，KL1 的截面尺寸为 370mm×500mm，KL2 的截面尺寸为 240mm×500mm，L1 的截面尺寸为 240mm×400mm，板厚为 100mm。

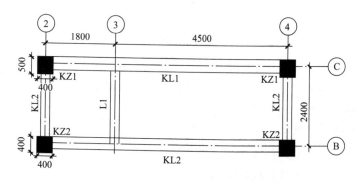

图 7-17　某建筑一层部分框架结构图

【解】 根据上述相关清单工程量计算规则可得：

(1) KZ1：$0.4 \times 0.5 \times 3 \times 2 = 1.2$ （m^3）

(2) KL1：$0.37 \times 0.5 \times (1.8 + 4.5 - 0.2 \times 2) = 1.09$ （m^3）

L1：$0.24 \times 0.4 \times (2.4 - 0.12 \times 2) = 0.21$ （m^3）

现浇混凝土构件招标工程量清单如表7-9所示。

表7-9　现浇混凝土构件招标工程量清单表

序号	项目编码	项目名称	项目特征描述	计量单位	工程量
1	010502001001	矩形柱	混凝土种类：预拌商品混凝土 混凝土强度等级：C30	m^3	1.2
2	010503002001	矩形梁	混凝土种类：预拌商品混凝土 混凝土强度等级：C25	m^3	1.3

（六）现浇混凝土楼梯

楼梯

(1) 以平方米计量，按设计图示尺寸以水平投影面积计算。不扣除宽度（c）≤500mm 的楼梯井，伸入墙内部分不计算。如图7-18所示。

整体楼梯的工程量为：

① 当 $c \leq 500$mm 时，整体楼梯的工程量：$S = BL$；

② 当 $c > 500$mm 时，整体楼梯的工程量：$S = BL - cx$。

式中　B——楼梯间的净宽；

L——楼梯间的净长；

c——楼梯井的宽度；

x——楼梯井的水平投影长度。

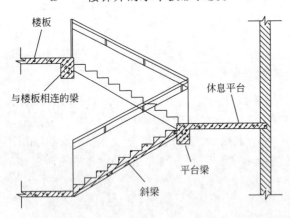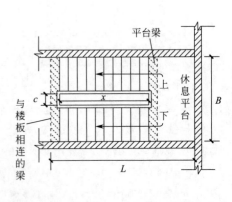

图7-18　有楼梯—楼板相连梁的整体楼梯

温馨提示：整体楼梯（包括直形楼梯、弧形楼梯）的水平投影面积包括休息平台、平台梁、斜梁和楼梯的连接梁。当整体楼梯与现浇楼板无梯梁连接时，以楼梯的最后一个踏步边缘加300mm为界，如图7-19所示。

(2) 以立方米计量，按设计图示尺寸以体积计算。

（七）现浇混凝土其他构件

(1) 现浇混凝土其他构件包括哪些构件？

现浇混凝土其他构件包括散水、坡道、室外地坪、电缆沟、地沟、台阶、扶手、压顶、

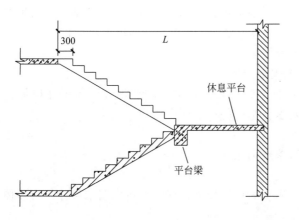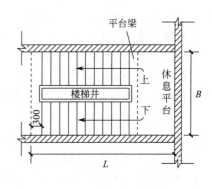

图 7-19　无楼梯—楼板相连梁的整体楼梯

化粪池、检查井以及其他构件。

（2）散水、坡道、室外地坪的清单工程量如何计算？

按设计图示尺寸以水平投影面积计算，不扣除单个在 $0.3m^2$ 以下孔洞所占面积。

（3）台阶的清单工程量如何计算？

台阶包括的工作内容与一般混凝土构件相同，其清单工程量计算规则有两种：

① 以平方米计量，按设计图示尺寸以水平投影面积计算。

② 以立方米计量，按设计图示尺寸以体积计算。

台阶

温馨提示：（1）台阶与平台连接时其分界线以最上层踏步外沿加 300mm 计算。

（2）架空式混凝土台阶，按现浇楼梯计算。

（4）扶手、压顶的清单工程量如何计算？

① 以米计量，按设计图示尺寸的中心线延长米计算。

② 以立方米计量，按设计图示尺寸以体积计算。

三、现浇混凝土工程工程量清单计价

（一）现浇混凝土基础

（1）确定清单项目的组价内容。《房屋建筑与装饰工程工程量计算规范》（GB 50854—2013）规定：现浇混凝土基础的工作内容包括模板及支撑制作、安装、拆除、堆放、运输，清理模内杂物，刷隔离剂等，混凝土制作、运输、浇筑、振捣、养护，对应的定额只包括带形基础、独立基础、满堂基础和垫层等主项定额分项。

温馨提示：在《房屋建筑与装饰工程工程量计算规范》（GB 50854—2013）的附录 E 中，现浇混凝土及钢筋混凝土实体工程项目"工作内容"中包括模板及支架的内容，同时又在措施项目中单列了现浇混凝土模板及支架工程项目。对此，招标人应根据工程实际情况选用。若招标人在措施项目清单中未编列模板项目清单，即模板及支架不再单列，按混凝土及钢筋混凝土实体项目执行，综合单价应包含模板及支架，否则综合单价中不包含模板及支架，本教材中按模板单列计算，因此，混凝土综合单价中不包含模板及支架。

（2）组价内容的计价工程量计算规则。某省建筑工程预算定额规定如下。

① 带形基础的计价工程量如何计算？

带形基础不分有肋式与无肋式，均按带形基础项目计算，有肋式带形基础肋高（指基础扩大顶面至梁顶面的高）≤1.2m时，合并计算；肋高＞1.2m时，扩大顶面以下的基础部分按带形基础项目计算，扩大顶面以上部分按墙计算。

② 钢筋混凝土柱下独立基础的计价工程量如何计算？

其计价工程量的计算规则与清单工程量的计算规则相同，均按设计图示尺寸以体积计算，不扣除构件内钢筋、预埋铁件和伸入承台基础的桩头所占体积。

③ 满堂基础的计价工程量如何计算？

满堂基础的计价工程量计算规则与清单规则相同。

④ 垫层的计价工程量如何计算？

垫层的计价工程量计算规则与清单工程量的计算规则相同，均按照图示尺寸以实体体积计算。

【例7-3】 对［例7-1］中独立基础工程量清单进行计价，已知混凝土为预拌泵送混凝土。

【解】 ① 根据《工程量计算规范》中现浇混凝土独立基础的项目特征和工作内容可知，其组价内容只有独立基础主项一个定额子目。

② 计价工程量与清单工程量相同，为 $0.37m^3$。

③ 某省最新的与现浇混凝土独立基础相关的预算定额如表7-10所示。由建设工程费用定额可知，建筑工程管理费和利润的计费基础是定额工料机，费率分别为8.48%和7.04%。

④ ［例7-1］中混凝土强度等级为C15，与预算定额中一致，因此，预算定额可以直接套用。

表7-10 现浇混凝土独立基础组价定额子目表 $10m^3$

定 额 编 号		A5-4
项 目		独立基础
		混凝土
预算价格/元		2429.52
其中	人工费/元	222.50
	材料费/元	2207.02
	机械费/元	—

人工费＝222.50×0.37/10＝8.23（元）

材料费＝2207.02×0.37/10＝81.66（元）

机械费＝0

人工费＋材料费＋机械费＝89.89（元）

管理费和利润＝89.89×(8.48%＋7.04%)＝13.95（元）

⑤ 独立基础的综合单价＝(89.89＋13.95)/0.37＝280.65（元）

温馨提示：(1) 计算人工费和材料费时，$0.37m^3$ 是计价工程量。

(2) 计算独立基础的综合单价时，$0.37m^3$ 是清单工程量。

(二) 现浇混凝土柱

(1) 确定清单项目的组价内容。与上述现浇混凝土基础一样，对应的定额只包括现浇混凝土柱主项一个定额分项。

（2）组价内容的计价工程量应如何计算？

某省建筑工程预算定额规定：现浇混凝土柱计价工程量计算规则与清单工程量计算规则相同，按设计图示断面尺寸乘以柱高以立方米计算。柱高按下列规定确定。

① 密肋板的柱高，应自柱基上表面（或楼板上表面）至上一层楼板上表面之间的高度计算。

② 无梁板的柱高，应自柱基上表面（或楼板上表面）至柱帽（头）下表面之间的高度计算。

③ 有楼隔层的框架柱高，按基础上表面（或楼板上表面）至上一层楼板上表面的高度计算。

④ 无楼隔层的框架柱高，应自柱基上表面至柱顶面的高度计算。

⑤ 依附于柱身上的牛腿体积，并入柱身体积内计算。

⑥ 构造柱按全高计算，与砖墙嵌接部分的体积并入柱身体积内计算。

⑦ 钢管混凝土柱按钢管内径乘以钢管高度计算混凝土体积。

（三）现浇混凝土梁

（1）确定清单项目的组价内容。与上述现浇混凝土基础一样，对应的定额只包括现浇混凝土梁主项一个定额分项。

（2）组价内容的计价工程量应如何计算？

某省建筑工程预算定额规定：现浇混凝土梁计价工程量计算规则与清单工程量计算规则相同，按设计图示尺寸以立方米计算。梁长按下列规定确定：

① 梁与柱连接时，梁长应按柱与柱之间的净距计算。

② 主梁与次梁连接时，次梁长算至主梁侧面。

③ 圈梁与过梁连接时，过梁长度安门窗洞口外围两端共加 500mm 计算，其他按圈梁计算。

④ 伸入砖墙内梁头、梁垫体积并入梁体积内计算。

（四）现浇混凝土墙

（1）确定清单项目的组价内容。与上述现浇混凝土基础一样，对应的定额只包括现浇混凝土墙主项一个定额分项。

（2）组价内容的计价工程量应如何计算？

某省建筑工程预算定额规定：现浇混凝土墙的计价工程量按设计图示尺寸以立方米计算，应扣除门窗洞口及单个面积 0.3m² 以外孔洞的体积。墙与柱连接时墙算至柱边；墙与梁连接时，墙算至梁底；墙与板连接时，墙算至板底；剪力墙中的暗梁、暗柱并入墙体积计算。

（五）现浇混凝土板

（1）确定清单项目的组价内容。与上述现浇混凝土基础一样，对应的定额只包括现浇混凝土板主项一个定额分项。

（2）组价内容的计价工程量应如何计算？

某省建筑工程预算定额规定：按设计图示面积乘以板厚以立方米计算，其中：

① 密肋板系指带有密肋梁的板，且板的净面积在 5m² 以内，其工程量按梁、板体积之和计算。

② 无梁板系指无突出板的梁，直接用柱头或托板、柱帽支承的板，其体积按板与柱帽体积之和计算。

③ 与现浇的单梁、连系梁、框架梁、圈梁连接的板，单梁、连系梁、圈梁、框架梁算至板底，板按平板实体体积计算。

④ 阳台按墙、梁外部分体积计算，包括伸出墙外的梁和 60mm 以内弯起部分。与楼板连接时，以外墙外边线为分界线；与梁连接时，以梁外边线为分界线。

⑤ 各类板伸入墙内的板头并入板体积内计算。

⑥ 栏板按全高以立方米计算。

【例 7-4】 对 [例 7-2] 中的现浇混凝土柱和梁的招标工程量清单进行计价，已知混凝土为非泵送预拌商品混凝土，混凝土板厚为 100mm。

【解】 (1) 柱

① 根据《工程量计算规范》中现浇混凝土柱的项目特征和工作内容可知，其组价内容只有混凝土柱和非泵送预拌混凝土调整费两个定额子目。

温馨提示：某省预算定额中混凝土是按照泵送预拌混凝土编制的，实际采用非泵送预拌混凝土时，除执行混凝土相应项目外，再执行混凝土调整费相应项目。

② 计算定额工程量：定额工程量与清单工程量相同为 1.2m³。

③ 某省与现浇混凝土柱相关的最新预算定额如表 7-11 所示。由建设工程费用定额可知，建筑工程管理费和利润的计费基础是定额工料机，费率分别为 8.48% 和 7.04%。

表 7-11　混凝土矩形柱组价定额子目表　　　　　　　　　　　10m³

定 额 编 号			A5-13	A5-98
项　目			现浇混凝土矩形柱	非泵送预拌混凝土调整费
			混凝土等级 C20	
预算价格/元			2971.54	833.61
其中	人工费/元		442.50	740.00
	材料费/元		2529.04	—
	机械费/元		—	93.61
名称		单位	单价/元	数量	
人工	综合工日	工日	125.00	3.54	5.92
材料	预拌碎石混凝土，$T=(190\pm30)$ mm，粒径 31.5mm，C20 (32.5) 级	m³	247.50	9.80	
	水泥砂浆 1:2	m³	250.84	0.30	
	施工用电	kW·h	0.82	4.75	
	工程用水	m³	4.96	0.30	
	其他材料费	元	—	22.90	
机械	机动翻斗车 1t	台班	180.02	—	0.52

由于混凝土的设计强度等级与预算定额中不一致，因此需要换算，换算后的材料费用为：$2529.04+(273.58-247.50)\times9.8=2784.62$（元）

温馨提示：该题已知混凝土的强度等级为 C30，而预算定额中混凝土强度等级为 C20，因此矩形柱不能直接套用预算定额中的材料费，需要换算后再套用。

混凝土矩形柱工程量清单综合单价分析表如表 7-12 所示。

表 7-12 混凝土矩形柱工程量清单综合单价分析表

项目编码	010502001001	项目名称		矩形柱		计量单位		m³	工程量	1.2

| | | | | 清单综合单价组成明细 | | | | | | | |

定额编号	定额名称	定额单位	数量	单价/元				合价/元			
				人工费	材料费	机械费	管理费和利润	人工费	材料费	机械费	管理费和利润
A5-13 换	矩形柱	10m³	0.12	442.50	2784.62	—	—	53.1	334.15	—	60.1
A5-98	非泵送预拌混凝土调整费	10m³	0.12	740.00	—	93.61	—	88.8	—	11.23	15.52
小计/元								141.9	334.15	11.23	75.62
清单项目综合单价/元								469.08			

（2）梁

① 根据《工程量计算规范》中现浇混凝土梁的项目特征和工作内容可知，其组价内容有混凝土梁和非泵送预拌混凝土调整费定额子目，原因同上述矩形柱。

② 计算定额工程量

KL1：$0.37 \times (0.5 - 0.1) \times (1.8 + 4.5 - 0.2 \times 2) = 0.87$（m³）

L1：$0.24 \times (0.4 - 0.1) \times (2.4 - 0.12 \times 2) = 0.16$（m³）

矩形梁定额工程量合计：$0.87 + 0.16 = 1.03$（m³）

温馨提示：某省预算定额中梁的工程量计算规则是梁的高度算到板底，与清单规则算到板顶不一样。

③ 某省与现浇混凝土梁相关的最新预算定额如表 7-13 所示。由建设工程费用定额可知，建筑工程管理费和利润的计费基础是定额工料机，费率分别为 8.48% 和 7.04%。

表 7-13 混凝土矩形梁组价定额子目表   10m³

定 额 编 号				A5-19	A5-98
项 目				矩形梁	非泵送预拌混凝土调整费
预算价格/元				2447.09	833.61
其中		人工费/元		225.00	740.00
		材料费/元		2222.09	—
		机械费/元		—	93.61
名称			单位	单价/元	数量
人工	综合工日		工日	125.00	1.80	5.92
材料	预拌碎石混凝土，$T = (190 \pm 30)$ mm，粒径 31.5mm，C15（32.5）级		m³	216.90	10.10	
	施工用电		kW·h	0.82	4.75	
	工程用水		m³	4.96	1.08	
	其他材料费		元	—	22.14	
机械	机动翻斗车 1t		台班	180.02	—	0.52

由于混凝土的设计强度等级与预算定额中不一致,因此需要换算,换算后的材料费用为:2222.09+(247.50-216.90)×10.10=2531.15(元)

混凝土矩形梁工程量清单综合单价分析表如表7-14所示。

表7-14 混凝土矩形梁工程量清单综合单价分析表

项目编码	010503002002		项目名称		矩形梁		计量单位	m³	工程量	1.3
清单综合单价组成明细										
定额编号	定额名称	定额单位	数量	单价/元				合价/元		
				人工费	材料费	机械费	管理费和利润	人工费	材料费	机械费	管理费和利润
A5-19换	矩形梁	10m³	0.13	225.00	2531.15	—	—	29.25	329.05	—	55.61
A5-98	非泵送预拌混凝土调整费	10m³	0.13	740.00	—	93.61	—	96.2	—	12.17	16.82
小计/元								125.45	329.05	12.17	72.43
清单项目综合单价/元								414.69			

(六) 现浇混凝土楼梯

(1) 确定清单项目的组价内容。与上述现浇混凝土基础一样,对应的定额只包括现浇混凝土楼梯主项一个定额分项。

(2) 组价内容的计价工程量应如何计算?

某省预算定额规定:现浇混凝土楼梯的计价工程量计算规则与清单工程量计算规则一样,应分层按其水平投影面积计算。楼梯井宽度超过500mm时,其面积应扣除。

四、预制混凝土工程主要清单分项

预制混凝土工程在《房屋建筑与装饰工程工程量规范》(GB 50854—2013)中主要包括预制混凝土柱、预制混凝土梁、预制混凝土板、预制混凝土楼梯和其他预制构件等6个方面共26个项目。表7-15列出了部分常用项目的相关内容。

表7-15 预制混凝土工程

项目编码	项目名称	项目特征	计量单位	工程量计算规则	工作内容
010509001	矩形柱	(1) 图代号; (2) 单件体积; (3) 安装高度; (4) 混凝土强度等级; (5) 砂浆强度等级、配合比	(1) m³ (2) 根	(1) 以立方米计量,按设计图示尺寸以体积计算。不扣除构件内钢筋、预埋铁件所占体积; (2) 以根计量,按设计图示尺寸以数量计算	(1) 构件安装; (2) 砂浆制作、运输; (3) 接头灌缝、养护
010510001	矩形梁	(1) 图代号; (2) 单件体积; (3) 安装高度; (4) 混凝土强度等级; (5) 砂浆强度等级、配合比	m³	(1) 以立方米计量,按设计图示尺寸以体积计算; (2) 以根计量,按设计图示尺寸以数量计算	(1) 模板制作、安装、拆除、堆放、运输、清理模内杂物、刷隔离剂等; (2) 混凝土制作、运输、浇筑、振捣、养护; (3) 构件安装; (4) 砂浆制作、运输; (5) 接头灌缝、养护
010510003	过梁		根		

续表

项目编码	项目名称	项目特征	计量单位	工程量计算规则	工作内容
010512001	平板	(1) 图代号; (2) 单件体积; (3) 安装高度; (4) 混凝土强度等级; (5) 砂浆强度等级、配合比	(1) m³ (2) 块	(1) 以立方米计量,按设计图示尺寸以体积计算。不扣除构件内钢筋、预埋铁件及单个尺寸≤300mm×300mm 的孔洞所占体积,扣除空心板空洞体积; (2) 以块计量,按设计图示尺寸以"数量"计算	(1) 模板制作、安装、拆除、堆放、运输,清理模内杂物,刷隔离剂等; (2) 混凝土制作、运输、浇筑、振捣、养护; (3) 构件安装; (4) 砂浆制作、运输; (5) 接头灌缝、养护
010513001	楼梯	(1) 楼梯类型; (2) 单件体积; (3) 混凝土强度等级; (4) 砂浆强度等级	(1) m³ (2) 块	(1) 以立方米计量,按设计图示尺寸以体积计算。不扣除构件内钢筋、预埋铁件所占体积,扣除空心踏步板空洞体积; (2) 以块计量,按设计图示数量计算	(1) 模板制作、安装、拆除、堆放、运输,清理模内杂物,刷隔离剂等; (2) 混凝土制作、运输、浇筑、振捣、养护; (3) 构件运输、安装; (4) 砂浆制作、运输; (5) 接头灌缝、养护

五、预制混凝土工程清单工程量计量

预制混凝土的工程量既可按图示尺寸实体体积以立方米计算,不扣除构件内钢筋、铁件及小于 $0.3m^2$ 以内孔洞的面积,又可按图示尺寸以"数量"计算。其中,预制混凝土柱、梁以"根"为计量单位,预制混凝土板、楼梯以"块"为计量单位。

六、预制混凝土工程工程量清单计价

(1) 确定清单项目的组价内容。《房屋建筑与装饰工程工程量计算规范》(GB 50854—2013) 规定:预制混凝土工程的工作内容包括模板及支架(撑)制作、安装、拆除、堆放、运输,清理模内杂物,刷隔离剂等,混凝土制作、运输、浇筑、振捣、养护,构件运输、安装,接头灌缝,对应的定额包括预制混凝土、模板、构件运输、安装、接头灌缝等定额分项。

温馨提示:2013 版《房屋建筑与装饰工程工程量计算规范》规定预制混凝土是以现场制作编制项目的,"工作内容"中包括模板工程,模板的措施费用不再单列。若采用成品预制混凝土构件时,成品价(包括模板、混凝土等所有费用)计入综合单价中。

(2) 组价内容的计价工程量应如何计算?

某省预算定额规定:

① 预制混凝土的计价工程量均按图示尺寸实体体积以立方米计算,不扣除构件内钢筋、铁件及小于 $0.3m^2$ 以内孔洞的面积,扣除空心板空洞体积。预制桩按桩全长(包括桩尖)乘以桩断面(空心柱应扣除孔洞体积)以立方米计算。

② 预制钢筋混凝土构件运输及安装的计价工程量,均按构件设计图示尺寸实体体积以立方米计算。

③ 预制钢筋混凝土构件接头灌缝,其工程量均按预制钢筋混凝土构件实体体积以立方米计算。

第二节　钢筋工程计量与计价

温馨提示：由于钢筋工程量的计算涉及钢筋平法的识图和各类构件中各种类型钢筋工程量计算搭接和锚固的基本知识，因此，钢筋工程量计算要比其他构件复杂得多，篇幅也比较大。因此，本教材为了知识的完整性，仅介绍钢筋工程最基本的一些概念和原理。

一、概述

（一）什么是钢筋，钢筋分为几种

钢筋是配置在钢筋混凝土及预应力钢筋混凝土构件中的钢条或钢丝的总称，其横截面为圆形，有时为带有圆角的方形。

钢筋种类很多，按轧制外形可分为光圆钢筋、带肋钢筋和扭转钢筋；按在结构中的用途可分为现浇混凝土钢筋、预制构件钢筋、钢筋网片和钢筋笼等。

（二）钢筋混凝土中的钢筋有何作用

钢筋在混凝土中主要承受拉应力，变形钢筋由于肋的作用，和混凝土有较大的黏结能力，因而能更好地承受外力的作用。

（三）什么是钢筋的保护层，如何确定钢筋保护层的厚度

钢筋的保护层是指从受力筋的外边缘到构件外表面之间的距离。钢筋保护层最小厚度应符合设计图中的要求，如表7-16所示。

表7-16　纵向受力钢筋的混凝土保护层最小厚度表　　　　　　　　mm

环境		板、墙、壳			梁			柱		
		≤C20	C25～C45	≥C50	≤C20	C25～C45	≥C50	C20	C25～C45	≥C50
一类		20	15	15	30	25	25	30	30	30
二类	a	—	20	20	—	30	30	—	30	30
	b	—	25	20	—	35	30	—	35	30
三类		—	30	25	—	40	35	—	40	35

注：1. 基础中纵向受力钢筋的混凝土保护层的厚度不应小于40mm，当无垫层时不应小于70mm。

2. 一类环境指室内正常环境；二类a环境指室内潮湿环境、非严寒和非寒冷地区的露天环境及严寒和寒冷地区冰冻线以下与无侵蚀性的水或土壤直接接触的环境；二类b环境是指严寒和寒冷地区的露天环境及严寒和寒冷地区冰冻线以上与无侵蚀性的水或土壤直接接触的环境；三类环境指使用除冰盐的环境、严寒和寒冷地区冬季水位变动的环境及滨海室外环境。

二、钢筋工程的主要清单分项

钢筋工程在《房屋建筑与装饰工程工程量计算规范》（GB 50854—2013）中主要包括现浇构件钢筋、预制构件钢筋、钢筋网片、钢筋笼等10个清单项目。表7-17列出了部分常用项目的相关内容。

表 7-17　钢筋工程（编号：010515）

项目编码	项目名称	项目特征	计量单位	工程量计算规则	工作内容
010515001	现浇构件钢筋	钢筋种类、规格	t	按设计图示钢筋（网）长度（面积）乘单位理论质量计算	(1) 钢筋制作、运输； (2) 钢筋安装； (3) 焊接（绑扎）
010515002	预制构件钢筋				
010515003	钢筋网片				(1) 钢筋网制作、运输； (2) 钢筋网安装； (3) 焊接（绑扎）
010515004	钢筋笼				(1) 钢筋笼制作、运输； (2) 钢筋笼安装； (3) 焊接（绑扎）

三、钢筋工程清单工程量计量

现浇构件钢筋、预制构件钢筋、钢筋网片和钢筋笼的清单工程量应区别不同种类和规格，按设计图示钢筋（网）长度（面积）乘以单位理论质量以吨计算，钢筋单位理论质量如表 7-18 所示。

表 7-18　钢筋单位理论质量表

品种	圆钢筋		螺纹钢筋	
直径/mm	截面/100mm²	理论质量/(kg/m)	截面/100mm²	理论质量/(kg/m)
4	0.126	0.099	—	—
5	0.196	0.154	—	—
6	0.283	0.222	—	—
6.5	0.332	0.260	—	—
8	0.503	0.395	—	—
10	0.785	0.617	0.785	0.062
12	1.131	0.888	1.131	0.089
14	1.539	1.21	1.54	1.21
16	2.011	1.58	2.0	1.58
18	2.545	2.00	2.54	2.00
20	3.142	2.47	3.14	2.47
22	3.801	2.98	3.80	2.98
25	4.909	3.85	4.91	3.85
28	6.158	4.83	6.16	4.83
30	7.069	5.55	—	—
32	8.042	6.31	8.04	6.31
40	12.561	9.865	—	—

温馨提示:

(1) 现浇构件中伸出构件的锚固钢筋应并入钢筋工程量内。除设计(包括规范规定)标明的搭接外,其他施工搭接不计算工程量,在综合单价中综合考虑。

(2) 现浇构件中固定位置的支撑钢筋、双层钢筋用的"铁马"在编制工程量清单时,如果设计未明确,其工程数量可为暂估量,结算时按现场签证数量计算。

(1) 钢筋的长度应如何计算?

钢筋长度的计算分为以下几种情况。

① 两端无弯钩的直钢筋:

$$钢筋长度=构件长度-两端保护层的厚度$$

② 有弯钩的直钢筋:

$$钢筋长度=构件长度-两端保护层的厚度+两端弯钩的长度$$

● 钢筋的弯钩具体有哪几种形式?

钢筋弯钩形式有三种,分别为直弯钩、斜弯钩和半圆弯钩。钢筋弯曲后,弯曲处内皮收缩、外皮延伸、轴线长度不变,弯曲处形成圆弧。由于下料尺寸大于弯起后尺寸,所以应考虑钢筋弯钩增加的长度。

● 弯钩增加的长度是多少?

弯钩增加的长度与钢筋弯钩的形式有关,对于Ⅰ级钢筋而言,钢筋弯心直径为 $2.5d$,平直部分为 $3d$。一个直弯钩增加长度的理论计算值为 $3.5d$,一个斜弯钩增加长度的理论计算值为 $4.9d$,一个半圆弯钩增加长度的理论计算值为 $6.25d$,如图 7-20 所示。

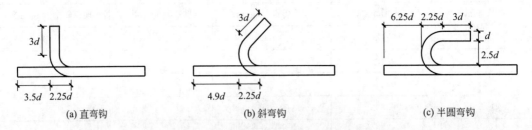

(a) 直弯钩   (b) 斜弯钩   (c) 半圆弯钩

图 7-20 (Ⅰ级)钢筋弯钩增加长度示意图

③ 有弯起的钢筋:

$$钢筋长度=构件长度-两端保护层厚度+弯起钢筋增加的长度+两端弯钩的长度$$

由于钢筋带有弯起,造成钢筋弯起段长度大于平直段长度,如图 7-21 所示。

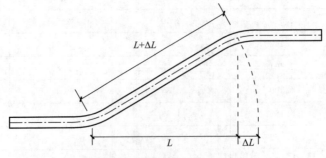

图 7-21 弯起钢筋增加长度示意图

钢筋弯起段增加的长度可按表 7-19 计算。

表 7-19　弯起钢筋增加长度

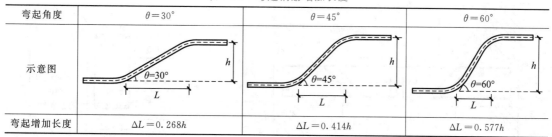

弯起角度	$\theta = 30°$	$\theta = 45°$	$\theta = 60°$
弯起增加长度	$\Delta L = 0.268h$	$\Delta L = 0.414h$	$\Delta L = 0.577h$

④ 箍筋

● 箍筋的长度如何计算？

$$箍筋长度＝每箍长度×每一构件箍筋根数$$

● 每箍长度如何计算？

$$每箍长度＝每根箍筋的外皮尺寸周长＋箍筋两端弯钩的增加长度$$

$$每根箍筋的外皮尺寸周长＝构件断面周长－8×箍筋保护层厚度$$

$$＝构件断面周长－8×（主筋混凝土保护层厚度－箍筋直径）$$

按照设计要求，箍筋的两端均有弯钩，箍筋末端每个弯钩增加的长度按表 7-20 取定。

表 7-20　箍筋弯钩增加长度

弯钩形式		90°	135°	180°
弯钩增加值	一般结构	5.5d	6.87d	8.25d
	抗震结构	10.5d	11.87d	13.25d

温馨提示：为简便计算，每箍长度也可以近似地按梁柱的外围周长计算。

● 箍筋根数如何计算？

箍筋根数取决于箍筋间距和箍筋配置的范围，而配置范围为构件长度减去两端保护层厚度。此外，考虑到实际施工时柱和梁的两头都需要放置钢筋，因此，对于直构件：

$$箍筋个数＝（构件长－2×保护层）/间距＋1$$

对于环形构件：

$$箍筋个数＝（构件长－2×保护层）/间距$$

【例 7-5】　如图 7-22 所示为某现浇 C25 混凝土矩形梁的配筋图，各号钢筋均为Ⅰ级圆钢筋。①、②、③、④号钢筋两端均有半圆弯钩，箍筋弯钩为抗震结构的斜弯钩。③、④号钢筋的弯起角度为 45°。主筋混凝土保护层厚度为 25mm。矩形梁的两端均设箍筋。试求该矩形梁的钢筋清单工程量。

【解】　①Φ12：$(6.5-0.025×2+6.25×0.012×2)×2×0.888＝11.72$（kg）

②Φ22：$(6.5-0.025×2+6.25×0.022×2)×2×2.98＝40.08$（kg）

③Φ22：

$[6.5-0.025×2+6.25×0.022×2+0.41×(0.5-0.025×2)×2]×2.98＝21.14$（kg）

④Φ22：

$[6.5-0.025×2+6.25×0.022×2+0.41×(0.5-0.025×2)×2]×2.98＝21.14$（kg）

⑤Φ8：$[(0.24+0.5)×2-(0.025-0.008)×8+11.87×0.008×2]×(6.5÷0.2+1)×0.395＝20.30$（kg）

Φ22 合计为：$0.040+0.021+0.021＝0.082$（t）

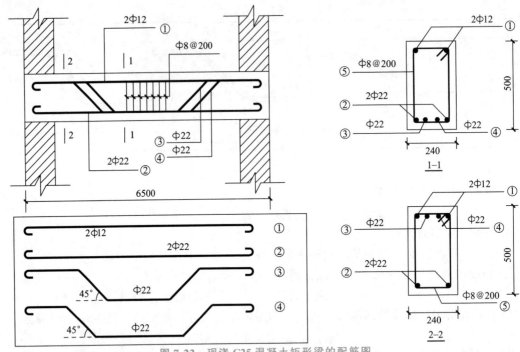

图 7-22　现浇 C25 混凝土矩形梁的配筋图

矩形梁钢筋招标工程量清单表见表 7-21。

表 7-21　矩形梁钢筋招标工程量清单表

序号	项目编码	项目名称	项目特征描述	计量单位	工程量
1	010515001001	现浇构件钢筋	Φ 12	t	0.012
2	010515001002	现浇构件钢筋	Φ 22	t	0.082
3	010515001003	现浇构件钢筋	Φ 8	t	0.020

温馨提示：以吨为单位，应保留三位小数，第四位小数四舍五入。

四、钢筋工程工程量清单计价

（一）确定清单项目的组价内容

《房屋建筑与装饰工程工程量计算规范》（GB 50854—2013）规定：预制混凝土工程的工作内容包括钢筋制作、运输，钢筋安装，焊接（绑扎），对应的定额包括钢筋定额分项。

（二）组价内容的计价工程量应如何计算

现浇、预制构件钢筋的计价工程量计算规则与清单工程量计算规则一样，均按设计图示钢筋长度乘以单位理论质量以吨计算。

【例 7-6】　对［例 7-5］中的矩形梁的钢筋工程量清单进行计价。

【解】　① 根据《工程量计算规范》中矩形梁的钢筋的项目特征和工作内容可知，其组价内容有现浇构件圆钢筋定额子目。

② 计算定额工程量：与清单工程量相等。

Φ 10 以内：0.020t；

Φ 14 以内：0.012t；

Φ 25 以内：0.082t。

③ 某省与矩形梁的钢筋相关的最新预算定额如表 7-22 所示。由建设工程费用定额可知，建筑工程管理费和利润的计费基础是定额工料机，费率分别为 8.48% 和 7.04%。

表 7-22 钢筋组价定额子目表 t

定额编号		A5-283	A5-284	A5-285
项目		现浇构件圆钢筋	现浇构件圆钢筋	现浇构件圆钢筋
		φ10 以内	φ14 以内	φ25 以内
预算价格/元		5148.18	4612.48	4311.49
其中	人工费/元	1816.25	1068.75	846.25
	材料费/元	3306.44	3507.50	3436.44
	机械费/元	25.49	36.23	28.80

矩形梁不同规格的钢筋，其综合单价分析表如表 7-23～表 7-25 所示。

表 7-23 矩形梁 φ12 钢筋工程量清单综合单价分析表

项目编码	010515001001		项目名称	现浇构件钢筋φ12		计量单位	t	工程量	0.012

| | | | | | | 清单综合单价组成明细 | | | |

定额编号	定额名称	定额单位	数量	单价/元				合价/元			
				人工费	材料费	机械费	管理费和利润	人工费	材料费	机械费	管理费和利润
A5-284	现浇构件圆钢筋	t	0.012	1068.75	3507.50	36.23	—	12.83	42.09	0.43	8.59
清单项目综合单价/元								5328.33			

表 7-24 矩形梁 φ22 钢筋工程量清单综合单价分析表

项目编码	010515001002		项目名称	现浇构件钢筋φ22		计量单位	t	工程量	0.082

| | | | | | | 清单综合单价组成明细 | | | |

定额编号	定额名称	定额单位	数量	单价/元				合价/元			
				人工费	材料费	机械费	管理费和利润	人工费	材料费	机械费	管理费和利润
A5-285	现浇构件圆钢筋	t	0.082	846.25	3436.44	28.80	—	69.39	281.79	2.36	54.87
清单项目综合单价/元								4980.61			

表 7-25 矩形梁 φ8 钢筋工程量清单综合单价分析表

项目编码	010515001003		项目名称	现浇构件钢筋φ8		计量单位	t	工程量	0.02

| | | | | | | 清单综合单价组成明细 | | | |

定额编号	定额名称	定额单位	数量	单价/元				合价/元			
				人工费	材料费	机械费	管理费和利润	人工费	材料费	机械费	管理费和利润
A5-283	现浇构件圆钢筋	t	0.02	1816.25	3306.44	25.49	—	36.33	66.13	0.51	15.98
清单项目综合单价/元								5947.5			

第三节 模板工程计量与计价

一、模板工程主要清单分项

模板工程在《房屋建筑与装饰工程工程量计算规范》（GB 50854—2013）中主要包括基础、柱、梁、墙、板、雨篷、悬挑板、阳台板等共32个子目。表7-26列出了部分常用项目的相关内容。

表 7-26 混凝土模板及支架（编号：011702）

项目编码	项目名称	项目特征	计量单位	工程量计算规则	工作内容
011702001	基础	基础类型	m²	按模板与现浇混凝土构件的接触面积计算。 　　① 现浇钢筋混凝土墙、板单孔面积≤0.3m²的孔洞不予扣除，洞侧壁模板亦不增加；单孔面积＞0.3m²时应予扣除，洞侧壁模板面积并入墙、板工程量内计算。 　　② 现浇框架分别按梁、板、柱有关规定计算；附墙柱、暗梁、暗柱并入墙内工程量内计算。 　　③ 柱、梁、墙、板相互连接的重叠部分，均不计算模板面积。 　　④ 构造柱按图示外露部分计算模板面积	（1）模板制作； （2）模板安装、拆除、整理堆放及场内外运输； （3）清理模板黏结物及模内杂物、刷隔离剂等
011702002	矩形柱				
011702003	构造柱				
011702005	基础梁	梁截面形状			
011702006	矩形梁	支撑高度			
011702008	圈梁				
011702009	过梁				
011702011	直形墙	墙厚度			
011702014	有梁板				
011702015	无梁板	支撑高度			
011702016	平板				
011702021	栏板				
011702022	天沟、檐沟	构件类型		按模板与现浇混凝土构件的接触面积计算	
011702023	雨篷、悬挑板、阳台板	构件类型 板厚度		按图示外挑部分尺寸的水平投影面积计算，挑出墙外的悬臂梁及板边不另计算	
011702024	楼梯	类型		按楼梯（包括休息平台、平台梁、斜梁和楼层板的连接梁）的水平投影面积计算，不扣除宽度≤500mm的楼梯井所占面积，楼梯踏步、踏步板、平台梁等侧面模板不另计算，伸入墙内部分亦不增加	
011702027	台阶	台阶踏步宽		按图示台阶水平投影面积计算，台阶端头两侧不另计算模板面积。架空式混凝土台阶，按现浇楼梯计算	

板模板

二、模板工程清单工程量计量

（一）混凝土基础、柱、墙、梁、板

均按模板与现浇混凝土构件的接触面积计算。

（1）现浇钢筋混凝土墙、板的单孔面积≤0.3m² 的孔洞不予扣除，洞侧壁模板亦不增加；单孔面积＞0.3m² 时应予扣除，洞侧壁模板面积并入墙、板工程量内计算。

（2）现浇框架分别按梁、板、柱有关规定计算，附墙柱、暗梁、暗柱并入墙内工程量计算。

基础模板

（3）柱与梁、柱与墙、梁与梁等连接的重叠部分，均不计算模板面积。

（4）构造柱按图示外露部分计算模板面积。

柱模板

构造柱与砌体交错咬茬连接时，按混凝土外露面的最大宽度计算。构造柱与墙的接触面不计算模板面积。即：

构造柱与砖墙咬口模板工程量＝混凝土外露面的最大宽度×柱高

【例 7-7】 试计算如图 7-23 所示的现浇混凝土独立基础的模板工程量。

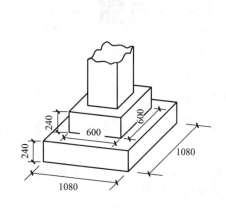

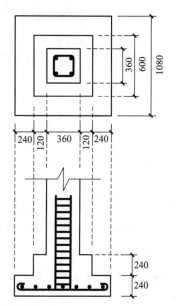

图 7-23　现浇混凝土独立基础

【解】 现浇混凝土独立基础的清单模板工程量：

$$S = 4 \times 1.08 \times 0.24 + 4 \times 0.6 \times 0.24 = 1.61 \ (\text{m}^2)$$

其招标工程量清单如表 7-27 所示。

表 7-27　现浇混凝土独立基础模板招标工程量清单表

项目编码	项目名称	项目特征描述	计量单位	工程量
011702001001	基础	独立基础	m²	1.61

（二）雨篷、悬挑板、阳台板

现浇钢筋混凝土悬挑板、雨篷、阳台板的模板工程量均按图示外挑部分尺寸的水平投影面积计算。挑出墙外的悬臂梁及板边模板不另计算。

（三）现浇混凝土楼梯

现浇钢筋混凝土楼梯的模板工程量按楼梯（包括休息平台、平台梁、斜梁、和楼层板的连接梁）的水平投影面积计算，不扣除宽度≤500mm 的

楼梯模板

楼梯井所占面积。楼梯的踏步、踏步板平台梁等侧面模板，不另计算。伸入墙内的部分亦不增加。

【例 7-8】 试计算如图 7-24 所示的现浇混凝土楼梯的模板工程量。

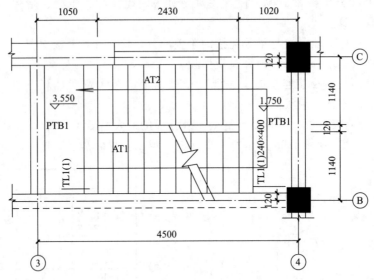

图 7-24　楼梯平面图

【解】　根据现浇混凝土楼梯模板清单工程量的计算规则，其模板工程量按照楼梯的投影面积计算。

$$(4.5-1.05+0.24)\times(1.14+1.14+0.12-0.12\times2)=7.97（m^2）$$

温馨提示：整体楼梯与楼层平台的分界线在梯梁的外侧。

（四）混凝土台阶

按图示台阶水平投影面积计算，台阶端头两侧不另计算模板面积。架空式混凝土台阶，按现浇楼梯计算。

（五）其余混凝土构件

其余混凝土构件的模板工程量均按模板与现浇混凝土构件的接触面积计算。

三、模板工程工程量清单计价

（一）确定清单项目的组价内容

《房屋建筑与装饰工程工程量计算规范》（GB 50854—2013）规定：模板的工作内容包括模板及支撑制作，模板的安装、拆除、整理堆放及场内外运输，清理模板黏结物及模内杂物，刷隔离剂等。由此可见，对应的定额只包括模板主项一个定额分项。

温馨提示：清单中单列的模板只包括现浇混凝土的模板，预制混凝土的模板不单列。

（二）各类构件模板组价内容的计价工程量如何计算

某省建筑工程预算定额规定：

现浇混凝土模板计价工程量计算规则与清单工程量计算规则相同，除另有规定者外，均应区别不同构件和模板材质，按模板与混凝土的接触面积以平方米计算。

【例 7-9】 请对 [例 7-7] 中的独立基础模板的工程量清单进行计价，已知模板为木胶合模板。

【解】　① 根据《工程量计算规范》中混凝土模板工程的工作内容可知，其组价内容只有独立基础模板一项定额分项。

② 计算计价工程量：与清单工程量相同为 $1.61m^2$。

③ 某省与独立基础模板有关的最新预算定额如表 7-28 所示。由建设工程费用定额可知，建筑工程管理费和利润的计费基础是定额工料机，费率分别为 8.48% 和 7.04%。

表 7-28　混凝土独立基础组价定额子目表　　　　　$100m^2$

定额编号		A11-13
项目		独立基础
		木胶合模板
预算价格/元		5431.52
其中	人工费/元	2573.75
	材料费/元	2682.88
	机械费/元	174.89

④ 综合单价分析如下：

$$人工费 = 2573.75 \times 1.61 \div 100 = 41.44（元）$$
$$材料费 = 2682.88 \times 1.61 \div 100 = 43.19（元）$$
$$机械费 = 174.89 \times 1.61 \div 100 = 2.82（元）$$
$$直接工程费 = 人工费 + 材料费 + 机械费 = 41.44 + 43.19 + 2.82 = 87.45（元）$$
$$管理费和利润 = 87.45 \times (8.48\% + 7.04\%) = 13.57（元）$$

⑤ 独立基础模板的综合单价 $=(87.45+13.57) \div 1.61 = 62.75（元）$

【例 7-10】　请对 [例 7-8] 中的楼梯模板的工程量清单进行计价，已知模板为钢模板。

【解】　① 根据《工程量计算规范》中混凝土模板工程的工作内容可知，其组价内容只有楼梯模板一项定额分项。

② 计算计价工程量：与清单工程量相同为 $7.97m^2$。

③ 某省与楼梯模板有关的最新预算定额如表 7-29 所示。由建设工程费用定额可知，建筑工程管理费和利润的计费基础是定额工料机，费率分别为 8.48% 和 7.04%。

表 7-29　混凝土独立基础组价定额子目表　　　　　$10m^2$ 投影面积

定额编号		A11-78
项目		直形楼梯
		钢模板
预算价格/元		1109.84
其中	人工费/元	765.00
	材料费/元	323.88
	机械费/元	20.96

④ 综合单价分析如下：

$$人工费 = 765.00 \times 7.97 \div 10 = 609.71（元）$$
$$材料费 = 323.88 \times 7.97 \div 10 = 258.13（元）$$

$$机械费=20.96\times7.97\div10=16.71（元）$$

$$直接工程费=人工费＋材料费＋机械费=609.71+258.13+16.71=884.55（元）$$

$$管理费和利润=884.55\times（8.48\%+7.04\%）=137.28（元）$$

⑤ 独立基础模板的综合单价＝（884.55＋137.28）÷7.97＝128.21（元）

温馨提示：以水平投影面积计算的模板工程量均不计算侧面模板面积。

本章小结

　　钢筋混凝土工程是建筑工程施工中的重要工程之一。本章介绍了钢筋混凝土工程包括的三大块内容，即混凝土工程、钢筋工程和模板工程中的基本概念，以及《房屋建筑与装饰工程工程量计算规范》（GB 50854—2013）对混凝土、钢筋工程和模板工程的相关解释说明，重点讲述了混凝土工程、钢筋工程和模板工程中的主要清单分项的清单工程量计算规则、招标工程量清单的编制及相应的工程量清单计价。

本章思考题

　　(1) 现浇混凝土基础、柱、墙、梁、板混凝土和模板的清单工程量和计价工程量计算规则是什么？

　　(2) 现浇混凝土梁的主次梁长度该如何计算？

　　(3) 《房屋建筑与装饰工程工程量计算规范》（GB 50854—2013）对模板有何规定？

　　(4) 模板工程的清单工程量计算规则是什么？

　　(5) 《房屋建筑与装饰工程工程量计算规范》（GB 50854—2013）中混凝土柱、梁、板的级别顺序是什么？

实训作业

　　完成案例工程的混凝土和模板工程的清单工程量和计价工程量的计算。

第八章 防水及保温隔热工程计量与计价

问题导入

防水及保温隔热工程主要包含哪些清单分项？如何根据《房屋建筑与装饰工程工程量计算规范》（GB 50854—2013）和各地区的预算定额对防水及保温工程进行清单工程量计量与工程量清单计价？

本章内容框架

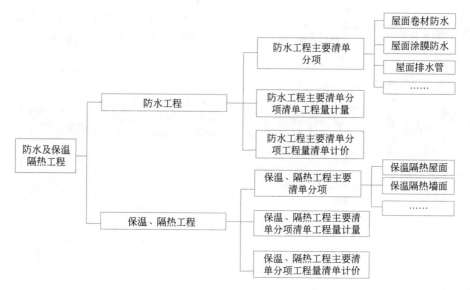

学习目标

（1）掌握防水及保温隔热工程清单规范中的相关解释；

（2）重点掌握《房屋建筑与装饰工程工程量计算规范》（GB 50854—2013）中的防水及保温隔热工程的主要清单分项的清单工程量计算规则及其招标工程量清单的编制；

（3）重点掌握防水及保温工程的工程量清单计价。

第一节　防水工程

一、防水工程清单分项

《房屋建筑与装饰工程工程量计算规范》（GB 50854—2013）中防水工程主要包括屋面卷材防水、屋面涂膜防水、屋面排水管、屋面天沟、檐沟、屋面变形缝、墙面涂膜防水、墙面变形缝、楼（地）面涂膜防水、楼（地）面变形缝等清单分项等，其工程量清单项目如表8-1～表8-3所示。

表 8-1　屋面防水及其他（编号 010902）

项目编码	项目名称	项目特征	计量单位	工程量计算规则	工作内容
010902001	屋面卷材防水	（1）卷材品种、规格、厚度； （2）防水层数； （3）防水层做法	m²	按设计图示尺寸以面积计算。 （1）斜屋顶（不包括平屋顶找坡）按斜面积计算，平屋顶按水平投影面积计算； （2）不扣除房上烟囱、风帽底座、风道、屋面小气窗和斜沟所占面积； （3）屋面的女儿墙、伸缩缝和天窗等处的弯起部分，并入屋面工程量内	（1）基层处理； （2）刷底油； （3）铺油毡卷材、接缝
010902002	屋面涂膜防水	（1）防水膜品种； （2）涂膜厚度、遍数； （3）增强材料种类			（1）基层处理； （2）刷基层处理剂； （3）铺布、喷涂防水层
010902003	屋面刚性层	（1）刚性层厚度； （2）混凝土种类； （3）混凝土强度等级； （4）嵌缝材料种类； （5）钢筋规格、型号		按设计图示尺寸以面积计算。不扣除房上烟囱、风帽底座、风道等所占的面积	（1）基层处理； （2）混凝土制作、运输、铺筑、养护； （3）钢筋制作
010902004	屋面排水管	（1）排水管品种、规格； （2）雨水斗、山墙出水口品种、规格； （3）接缝、嵌缝材料种类； （4）油漆品种、刷漆遍数	m	按设计图示尺寸以长度计算。如设计未标注尺寸，以檐口至设计室外散水上表面垂直距离计算	（1）排水管及配件安装、固定； （2）雨水斗山墙出水口、雨水筲子安装； （3）接缝、嵌缝； （4）刷漆
010902008	屋面变形缝	（1）嵌缝材料种类； （2）止水带材料种类； （3）盖缝材料； （4）防护材料种类	m	按设计图示尺寸以长度计算	（1）清缝； （2）填塞防水材料； （3）止水带安装； （4）盖缝制作、安装； （5）刷防护材料

表 8-2 墙面防水防潮 （编号 010903）

项目编码	项目名称	项目特征	计量单位	工程量计算规则	工作内容
010903002	墙面涂膜防水	（1）防水膜品种； （2）涂膜厚度、遍数； （3）增强材料种类	m²	按设计图示尺寸以面积计算	（1）基层处理； （2）刷基层处理剂； （3）铺布、喷涂防水层
010903003	墙面砂浆防水（防潮）	（1）防水层做法； （2）砂浆厚度、配合比； （3）钢丝网规格			（1）基层处理； （2）挂钢丝网片； （3）设置分隔缝； （4）砂浆制作、运输、摊铺、养护
010903004	墙面变形缝	（1）嵌缝材料种类； （2）止水带材料种类； （3）盖缝材料； （4）防护材料种类	m	按设计图示尺寸以长度计算	（1）清缝； （2）填塞防水材料； （3）止水带安装； （4）盖缝制作、安装； （5）刷防护材料

表 8-3 楼（地）面防水、防潮 （编号 010904）

项目编码	项目名称	项目特征	计量单位	工程量计算规则	工作内容
010904002	楼（地）面涂膜防水	（1）防水膜品种； （2）涂膜厚度、遍数； （3）增强材料种类； （4）反边高度	m²	按设计图示尺寸以面积计算。 （1）楼（地）面防水：按主墙间净空面积计算，扣除凸出地面的构筑物、设备基础等所占面积，不扣除间壁墙及单个面积≤0.3m²柱、垛、烟囱和孔洞所占面积； （2）楼（地）面防水反边高度≤300mm算作地面防水，反边高度＞300mm按墙面防水计算	（1）基层处理； （2）刷基层处理剂； （3）铺布、喷涂防水层
010904003	楼（地）面防水（防潮）	（1）防水层做法； （2）砂浆厚度、配合比； （3）反边高度			（1）基层处理； （2）砂浆制作、运输、摊铺、养护
010904004	楼（地）面变形缝	（1）嵌缝材料种类； （2）止水带材料种类； （3）盖缝材料； （4）防护材料种类	m	按设计图示尺寸以长度计算	（1）清缝； （2）填塞防水材料； （3）止水带安装； （4）盖缝制作、安装； （5）刷防护材料

二、防水工程清单工程量计量

（一）屋面防水工程

屋面防水工程包括屋面卷材防水、屋面涂膜防水和屋面刚性层防水。

（1）屋面卷材、涂膜防水。斜屋顶（不包括平屋顶找坡）按斜面积计算；平屋顶按水平投影面积计算，不扣除房上烟囱、风帽底座、风道、屋面小气窗和斜沟所占面积；屋面的女儿墙、伸缩缝和天窗等处的弯起部分，按图示尺寸并入屋面工程量计算。如图纸无规定时，女儿墙、伸缩缝的弯起部分可按 250mm 计算，天窗弯起部分可按 500mm 计算。

屋面卷材防水

温馨提示：屋面防水搭接及附加层用量不另行计算，在综合单价中考虑，屋面的找平层、保温层按本规范相应项目另外编码列项。

（2）屋面刚性层防水。按设计图示尺寸以面积计算，不扣除房上烟囱、风帽底座、风道等所占面积。

温馨提示：屋面刚性层无钢筋，其钢筋项目特征不必描述。

（3）屋面排水管。其清单工程量应按设计图示尺寸以长度计算。如设计未标注尺寸，以檐口至设计室外散水上表面垂直距离计算。

温馨提示：檐口的高度确定：平屋顶带挑檐者算到板底，平屋顶带女儿墙者算到板顶。

（4）屋面天沟、檐沟。其清单工程量按设计图示尺寸以展开面积计算。

（5）屋面变形缝。变形缝的清单工程量按设计图示尺寸以长度计算。

墙面砂浆
防水防潮

（二）墙面防水、防潮工程

（1）墙面涂膜防水的清单工程量按设计图示尺寸以面积计算。

（2）墙面砂浆防水（防潮）的清单工程量与墙面涂膜防水一样，按设计图示尺寸以面积计算。

（3）墙面变形缝的清单工程量按图示尺寸以长度计算。

温馨提示：墙面防水搭接及附加层用量不另行计算，在综合单价中考虑。墙面变形缝，若做了双面，工程量乘以2，墙面找平层另外立项计算其清单工程量。

楼地面砂浆
防水（防潮）

（三）楼（地）面防水、防潮工程

（1）楼（地）面涂膜防水的清单工程量应按主墙间净空面积计算，扣除凸出地面的构筑物、设备基础等所占面积，不扣除间壁墙及单个面积≤0.3m² 柱、垛、烟囱和孔洞所占面积。当楼（地）面防水反边高度≤300mm 时，算作地面防水；当反边高度>300mm 算作墙面防水。

（2）楼（地）面砂浆防水（防潮）防水的清单工程量。

（3）楼（地）面变形缝的清单工程量应按设计图示尺寸以长度计算。

温馨提示：间壁墙是指墙厚≤120mm 的墙，楼地面防水搭接及附加层用量不另行计算，在综合单价中考虑。楼地面找平层按本规范相应项目编码列项计算其清单工程量。

三、防水工程工程量清单计价

（一）屋面防水工程

（1）屋面卷材、涂膜防水

① 确定清单分项的组价内容。《房屋建筑与装饰工程工程量计算规范》（GB 50854—2013）规定：屋面卷材防水的工作内容包括基层处理，刷底油，铺油毡卷材、接缝；屋面涂膜防水的工作内容包括基层处理，刷基层处理剂，铺布、喷涂防水层。由此可见，对应的定额分项只包括卷材防水和涂膜防水主项定额分项。

② 组价内容的计价工程量计算规则。某省建筑工程预算定额规定：卷材屋面按设计图示尺寸的水平投影面积乘以规定的坡度系数以平方米计算，但不扣除房上烟囱、风帽底座、风道、屋面小气窗和斜沟所占面积；屋面的女儿墙、伸缩缝和天窗等处的弯起部分，按图示尺寸并入屋面工程量计算。如图纸无规定时，女儿墙、伸缩缝的弯起部分可按 250mm 计算，天窗弯起部分可按 500mm 计算。屋面涂刷着色剂保护层同屋面防水卷材计算规则，以平方米计算。

涂膜屋面的计价工程量计算同卷材屋面。涂膜屋面的油膏嵌缝、玻璃布盖缝、屋面分格缝另外以平方米计算。

（2）屋面刚性层防水

① 确定清单分项的组价内容。《房屋建筑与装饰工程工程量计算规范》（GB 50854—2013）规定：屋面刚性层防水的工作内容包括基层处理，混凝土制作、运输、铺筑、养护，钢筋制作。对应的定额包括屋面刚性防水和钢筋两个定额分项。

② 组价内容的计价工程量计算规则。某省建筑工程预算定额规定：

● 屋面刚性防水计价工程量按设计图示尺寸以面积计算，不扣除屋面上烟囱、风帽底座、风道及单个面积小于 $0.3m^2$ 孔洞等。

● 屋面刚性防水层中的钢筋，其计价工程量按设计图示钢筋长度乘以单位理论质量以吨计算。

温馨提示：屋面刚性层如果无钢筋，尽管工作内容中包括钢筋的制安，在组价时也不计算钢筋的计价工程量。

（3）屋面排水管

① 确定清单分项的组价内容。《房屋建筑与装饰工程工程量计算规范》（GB 50854—2013）规定：屋面排水管的工作内容包括排水管及配件安装、固定，雨水斗、山墙出水口、雨水篦子安装，接缝、嵌缝，刷漆。对应的定额包括水落管、水落斗和落水口三个定额分项。

② 组价内容的计价工程量计算规则。某省建筑工程预算定额规定：

● 水落管以米计算，水落管的长度应由水斗的下口算至设计室外地坪，泄水口的弯起部分不另增加。当水落管遇有外墙腰线，设计规定必须采用弯管绕过时，每个弯管长度折长按 250mm 计算。

● 水落斗、落水口以"个"计算。

（4）屋面变形缝

① 确定清单分项的组价内容。《房屋建筑与装饰工程工程量计算规范》（GB 50854—2013）规定：屋面变形缝的工作内容包括清缝，填塞防水材料，止水带安装，盖缝制作、安装，刷防护材料。对应的定额包括填缝、止水带和盖缝三个定额分项。

② 组价内容的计价工程量计算规则。某省建筑工程预算定额规定：屋面变形缝的填缝、止水带和盖缝的计价工程量均按不同材料以米计算。

（二）墙面防水、防潮工程

（1）墙面涂膜防水

① 确定清单分项的组价内容。《房屋建筑与装饰工程工程量计算规范》（GB 50854—2013）规定：墙面涂膜防水的工作内容包括基层处理，刷基层处理剂，铺布、喷涂防水层。对应的定额包括墙面涂膜防水和刷冷底子油两个定额分项。

② 组价内容的计价工程量计算规则。某省建筑工程预算定额规定：墙面涂膜防水和刷冷底子油的计价工程量，建筑物墙基平面防水，外墙长度按中心线，内墙长度按净长线乘以宽度以平方米计算；墙基立面防水、防潮层，按设计图示尺寸展开面积以平方米计算。

（2）墙面砂浆防水（防潮）

① 确定清单分项的组价内容。《房屋建筑与装饰工程工程量计算规范》（GB 50854—2013）规定：墙面砂浆防水（防潮）的工作内容包括基层处理，挂钢丝网片，设置分隔缝，砂浆制作、运输、摊铺、养护。对应的定额包括墙面砂浆防水（防潮）和钢丝网片两个定额分项。

② 组价内容的计价工程量计算规则。某省建筑工程预算定额规定：墙面砂浆防水（防潮）的计价工程量与墙面涂膜防水一样。墙面挂钢丝网按照网的面积以平方米计算。

（3）墙面变形缝。《房屋建筑与装饰工程工程量计算规范》（GB 50854—2013）规定：墙面变形缝的工作内容包括清缝，填塞防水材料，止水带安装，盖缝制作、安装，刷防护材料。对应的定额包括填缝、止水带和盖缝三个定额分项。

某省建筑工程预算定额规定：墙面变形缝的填缝、止水带和盖缝的计价工程量均按不同材料以米计算。

（三）楼（地）面防水、防潮工程

（1）楼（地）面涂膜防水

① 确定清单分项的组价内容。《房屋建筑与装饰工程工程量计算规范》（GB 50854—2013）规定：楼（地）面涂膜防水的工作内容包括基层处理，刷基层处理剂，铺布、喷涂防水层。对应的定额包括墙面涂膜防水和刷冷底子油两个定额分项。

② 组价内容的计价工程量计算规则。某省建筑工程预算定额规定：楼（地）面涂膜防水和刷冷底子油的计价工程量，按主墙间净空面积计算，扣除凸出地面的构筑物、设备基础等所占面积，不扣除间壁墙、柱、垛、烟囱和 $0.3m^2$ 以内孔洞所占面积。与墙面连接处高度在 500mm 以内者，按展开面积计算；超过 500mm 时，其立面部分的计价工程量全部按立面防水层计算。

（2）楼（地）面砂浆防水（防潮）

① 确定清单分项的组价内容。《房屋建筑与装饰工程工程量计算规范》（GB 50854—2013）规定：楼（地）面砂浆防水（防潮）的工作内容包括基层处理，砂浆制作、运输、摊铺、养护。对应的定额仅包括楼（地）面砂浆防水（防潮）一个定额分项。

② 组价内容的计价工程量计算规则。某省建筑工程预算定额规定：楼（地）面墙面砂浆防水（防潮）的计价工程量与楼（地）面涂膜防水一样。

（3）楼（地）面变形缝。《房屋建筑与装饰工程工程量计算规范》（GB 50854—2013）规定：楼（地）面变形缝的工作内容包括清缝，填塞防水材料，止水带安装，盖缝制作、安装，刷防护材料。对应的定额包括填缝、止水带和盖缝三个定额分项。

某省建筑工程预算定额规定：楼（地）面变形缝的填缝、止水带和盖缝的计价工程量均按不同材料以米计算。

第二节　保温、隔热工程

一、保温、隔热工程清单分项

《房屋建筑与装饰工程工程量计算规范》（GB 50854—2013）中保温、隔热工程主要包括保温、隔热屋面，保温、隔热墙面等。保温、隔热工程清单分项如表8-4所示。

表 8-4　保温、隔热工程（编号 011001）

项目编码	项目名称	项目特征	计量单位	工程量计算规则	工作内容
011001001	保温、隔热屋面	（1）保温、隔热材料品种、规格、厚度； （2）隔气层材料品种、厚度； （3）黏结材料种类、做法； （4）防护材料种类、做法	m^2	按设计图示尺寸以面积计算。扣除面积＞$0.3m^2$ 孔洞及占位面积	（1）基层清理； （2）刷黏结材料； （3）铺粘保温层； （4）铺、刷（喷）防护材料

续表

项目编码	项目名称	项目特征	计量单位	工程量计算规则	工作内容
011001003	保温、隔热墙面	（1）保温、隔热部位； （2）保温、隔热方式； （3）踢脚线、勒脚线保温做法； （4）龙骨材料品种、规格； （5）保温、隔热面层材料品种、规格、性能； （6）保温、隔热材料品种、规格及厚度； （7）增强网及抗裂防水砂浆种类； （8）黏结材料种类及做法； （9）防护材料种类及做法	m²	按设计图示尺寸以面积计算。扣除面积＞0.3m² 梁、孔洞所占面积；门窗洞口侧壁以及与墙相连的柱，并入保温墙体工程量内	（1）基层清理； （2）刷界面剂； （3）安装龙骨； （4）填贴保温材料； （5）保温板安装； （6）粘贴面层； （7）铺设增强各网、抹抗裂、防水砂浆面层； （8）嵌缝； （9）铺、刷（喷）防护材料

二、保温、隔热工程清单工程量计量

（一）保温、隔热屋面

按设计图示尺寸以面积计算。扣除面积＞0.3m² 孔洞及占位面积。

保温隔热屋面

（二）保温、隔热墙面

按设计图示尺寸以面积计算。扣除门窗洞口以及面积＞0.3m² 梁、孔洞所占面积；门窗洞口侧壁需作保温时，并入保温墙体工程量内。

温馨提示：保温、隔热装饰面层，按本规范相关项目编码列项。

保温隔热墙面

三、保温、隔热工程工程量清单计价

（一）保温隔热屋面

① 确定清单分项的组价内容。《房屋建筑与装饰工程工程量计算规范》（GB 50854—2013）规定：保温隔热屋面的工作内容包括基层清理，刷黏结材料，铺粘保温层，铺、刷（喷）防护材料。对应的定额包括只包括屋面保温一个主项定额分项。

② 组价内容的计价工程量计算规则。某省建筑工程预算定额规定：屋面保温区分不同材料按设计图示尺寸以立方米或平方米计算，扣除单个面积＞0.3m² 孔洞所占面积。屋面保温层的平均厚度计算如图 8-1 所示。

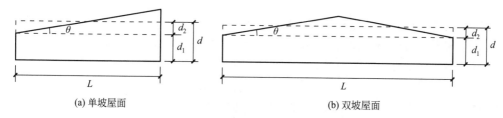

（a）单坡屋面 （b）双坡屋面

图 8-1 屋面保温层的平均厚度计算示意图

- 单坡屋面平均厚度：$d = d_1 + d_2 = d_1 + iL/2$
- 双坡屋面平均厚度：$d = d_1 + d_2 = d_1 + iL/4$

式中　d——屋面保温层的平均厚度，m；

　　　i——坡度系数（$i=\tan\theta$）；

　　　θ——屋面倾斜角。

（二）保温隔热墙面

（1）确定清单分项的组价内容。《房屋建筑与装饰工程工程量计算规范》（GB 50854—2013）规定：保温隔热墙面的工作内容包括基层清理，刷界面剂，安装龙骨，填贴保温材料，保温板安装，粘贴面层，铺设增强各网，抹抗裂、防水砂浆面层，嵌缝，铺、刷（喷）防护材料。对应的定额只包括外墙保温主项一个定额分项。

（2）组价内容的计价工程量计算规则。某省建筑工程预算定额规定：墙体保温区分不同材料按设计图示尺寸以立方米或平方米计算。保温层的长度，外墙按保温层中心线、内墙按保温层净长线计算。应扣除门窗洞口及单个面积大于 $0.3m^2$ 的梁、孔洞所占面积。门窗洞口侧壁以及与墙相连的柱，并入保温墙体工程量内。

外墙保温（浆料）腰线、门窗套、挑檐等零星项目，按设计图示尺寸展开面积以平方米计算。

【例 8-1】　某平屋面尺寸如图 8-2 所示，其自下而上的做法是：预制钢筋混凝土板上铺水泥珍珠岩保温层，坡度系数为 2%，保温层最薄处为 60mm；20mm 厚 1：2 水泥砂浆（特细砂）找平层；二毡三油防水层（上卷 250mm）。试计算屋面保温层和防水层的清单工程量，并编制招标工程量清单。

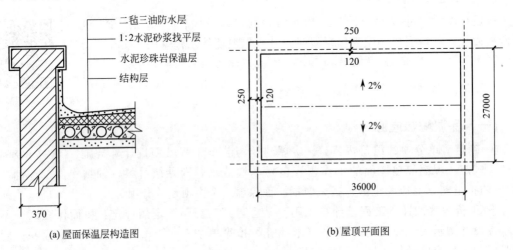

(a) 屋面保温层构造图　　　　　　　　　(b) 屋顶平面图

图 8-2　屋面保温层

【解】　根据屋面保温层的清单工程量计算规则：

（1）屋面保温层清单工程量：$(36-0.12×2)×(27-0.12×2)=956.94（m^2）$

屋面保温招标工程量清单如表 8-5 所示。

表 8-5　屋面保温招标工程量清单表

序号	项目编码	项目名称	项目特征描述	计量单位	工程量
1	011001001001	保温隔热屋面	水泥珍珠岩保温层，厚度最薄处为 60mm	m^2	956.94

（2）屋面防水层清单工程量：$(36-0.12×2)×(27-0.12×2)+[(36-0.12×2)+(27-0.12×2)]×2×0.25=988.20（m^2）$

屋面防水招标工程量清单如表 8-6 所示。

表 8-6 屋面防水招标工程量清单表

序号	项目编码	项目名称	项目特征描述	计量单位	工程量
1	010902001001	屋面卷材防水	二毡三油防水层	m²	988.20

【例 8-2】 对【例 8-1】中屋面保温和屋面防水工程量清单进行计价。

【解】（1）屋面保温

① 根据《工程量计算规范》中屋面保温的项目特征和工作内容可知，其组价内容为现浇水泥珍珠岩定额分项。

② 计算计价工程量。屋面水泥珍珠岩保温层的计价工程量应按图示设计尺寸面积乘以平均厚度，以立方米计算。

屋面保温层的面积：同清单工程量，为 956.94m²

保温层的平均厚度：$0.06+2\% \times (27-0.12 \times 2) \div 4 = 0.1938$（m）

保温层的计价工程量：$956.94 \times 0.1938 = 185.45$（m³）

③ 某省与屋面保温相关的最新预算定额如表 8-7 所示。由建设工程费用定额可知，建筑工程管理费和利润的计费基础是定额工料机，费率分别为 8.48% 和 7.04%。

表 8-7 屋面保温组价定额子目表　　　　　　　　　　　　　　　　　　10m³

定额编号		A9-11
项目		现浇水泥珍珠岩
预算价格/元		2690.06
其中	人工费/元	1102.50
	材料费/元	1587.56
	机械费/元	—

④ 综合单价的确定

人工费 $= 185.45 \div 10 \times 1102.50 = 20445.86$（元）

材料费 $= 185.45 \div 10 \times 1587.56 = 29441.30$（元）

机械费 $= 0$

人工费＋材料费＋机械费 $= 20445.86 + 29441.30 = 49887.16$（元）

管理费和利润 $= 49887.16 \times (8.48\% + 7.04\%) = 7742.49$（元）

屋面保温层综合单价 $= (49887.16 + 7742.49) \div 956.94$（清单工程量）$= 60.22$（元）

（2）屋面防水

① 根据《工程量计算规范》中屋面防水的项目特征和工作内容可知，其组价内容为卷材防水屋面定额分项。

② 防水层的计价工程量与清单工程量相同，为 988.20m²。

③ 某省与屋面防水相关的最新预算定额如表 8-8 所示。由建设工程费用定额可知，建筑工程管理费和利润的计费基础是定额工料机，费率分别为 8.48% 和 7.04%。

表 8-8　屋面防水组价定额子目表　　　　　100m²

定额编号		A8-21
项目		石油沥青玛脂卷材
		二毡三油
预算价格/元		3643.19
其中	人工费/元	701.25
	材料费/元	2941.94
	机械费/元	—

④ 综合单价的确定

$$人工费＝988.20÷100×701.25＝6929.75（元）$$
$$材料费＝988.20÷100×2941.94＝29072.25（元）$$
$$机械费＝0$$
$$人工费＋材料费＋机械费＝6929.75＋29072.25＝36002.00（元）$$
$$管理费和利润＝36002.00×（8.48\%＋7.04\%）＝5587.51（元）$$
$$防水层综合单价＝（36002.00＋5587.51）÷988.20（清单工程量）＝42.09（元）$$

本章小结

　　本章介绍了《房屋建筑与装饰工程工程量计算规范》（GB 50854—2013）对防水工程和保温隔热工程中的主要清单分项的清单工程量的计算规则、招标工程量清单的编制及相应的工程量清单计价。在学习过程中应熟练掌握防水工程和保温隔热工程的清单工程量计量与工程量清单计价。

本章思考题

　　(1) 防水工程和保温隔热工程分别包含了哪些清单分项？

　　(2) 简述《房屋建筑与装饰工程工程量计算规范》（GB 50854—2013）中所规定的防水工程和保温隔热工程的清单工程量计算规则。

　　(3) 请分别简述屋面防水工程和屋面保温工程的组价内容和相应的计价工程量如何计算。

实训作业

　　完成案例工程的屋面防水层和屋面保温层的清单工程量和计价工程量的计算。

第九章 装饰装修工程计量与计价

 问题导入

楼地面装饰工程，天棚工程，门窗工程和油漆、涂料、裱糊工程主要包含哪些清单分项？如何根据《房屋建筑与装饰工程工程量计算规范》（GB 50854—2013）和各地区的预算定额对楼地面装饰工程，墙、柱面装饰与隔断、幕墙工程，天棚工程，门窗工程和油漆、涂料、裱糊工程进行清单工程量计量与清单计价？

 本章内容框架

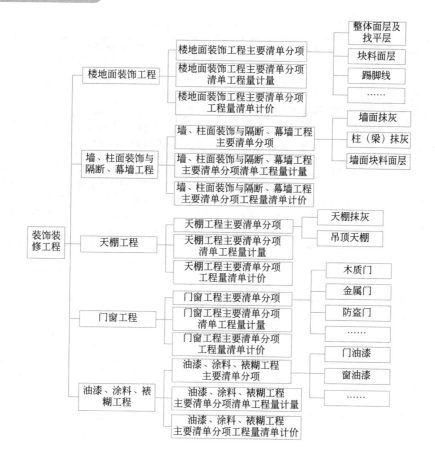

学习目标

(1) 掌握楼地面装饰工程，墙、柱面装饰与隔断、幕墙工程，天棚工程，门窗工程和油漆、涂料、裱糊工程清单规范中的相关解释；

(2) 重点掌握《房屋建筑与装饰工程工程量计算规范》（GB 50854—2013）中的楼地面装饰工程，墙、柱面装饰与隔断、幕墙工程，天棚工程，门窗工程和油漆、涂料、裱糊工程的主要清单分项的清单工程量计算规则及其招标工程量清单的编制；

(3) 重点掌握楼地面装饰工程，墙、柱面装饰与隔断、幕墙工程，天棚工程，门窗工程和油漆、涂料、裱糊工程的工程量清单计价。

第一节 楼地面装饰工程

一、楼地面装饰工程主要清单分项

《房屋建筑与装饰工程工程量计算规范》（GB 50854—2013）中楼地面装饰工程主要包括整体面层及找平层、块料面层、踢脚线、楼梯面层、台阶装饰等清单分项，其工程量清单项目如表 9-1～表 9-5 所示。

表 9-1 整体面层及找平层

项目编码	项目名称	项目特征	计量单位	工程量计算规则	工作内容
011101001	水泥砂浆地面	(1) 找平层厚度、砂浆配合比； (2) 素水泥浆遍数； (3) 面层厚度、砂浆配合比； (4) 面层做法要求		按设计图示尺寸以面积计算。扣除凸出地面构筑物、设备基础、室内管道、地沟等所占面积，不扣除间壁墙及≤0.3m² 柱、垛、附墙烟囱及孔洞所占面积。门洞、空圈、暖气包槽、壁龛的开口部分不增加面积	(1) 基层清理； (2) 抹找平层； (3) 抹面层； (4) 材料运输
011101002	现浇水磨石楼地面	(1) 找平层厚度、砂浆配合比； (2) 面层厚度、水泥石子浆配合比； (3) 嵌条材料种类、规格； (4) 石子种类、规格、颜色； (5) 颜料种类、颜色； (6) 图案要求； (7) 磨光、酸洗打蜡要求	m²		(1) 基层清理； (2) 抹找平层； (3) 面层铺设； (4) 嵌缝条安装； (5) 磨光、酸洗打蜡； (6) 材料运输
011101003	细石混凝土楼地面	(1) 垫层材料种类、厚度； (2) 找平层厚度、砂浆配合比； (3) 面层厚度、混凝土强度等级			(1) 基层清理； (2) 抹找平层； (3) 面层铺设； (4) 材料运输
011101006	平面砂浆找平层	找平层厚度、砂浆配合比		按设计图示尺寸以面积计算	(1) 基层清理； (2) 抹找平层； (3) 材料运输

表 9-2 块料面层

项目编码	项目名称	项目特征	计量单位	工程量计算规则	工作内容
011102001	石材楼地面	(1) 找平层厚度、砂浆配合比; (2) 结合层厚度、砂浆配合比; (3) 面层材料品种、规格、颜色; (4) 嵌缝材料种类; (5) 防护层材料种类; (6) 酸洗打蜡要求	m^2	按设计图示尺寸以面积计算。门洞、空圈、暖气包槽、壁龛的开口部分并入相应的工程量内	(1) 基层清理; (2) 抹找平层; (3) 面层铺设、磨边; (4) 嵌缝; (5) 刷防护材料; (6) 酸洗、打蜡; (7) 材料运输
011102003	块料楼地面				

表 9-3 踢脚线

项目编码	项目名称	项目特征	计量单位	工程量计算规则	工作内容
011105001	水泥砂浆踢脚线	(1) 踢脚线高度; (2) 底层厚度、砂浆配合比; (3) 面层厚度、砂浆配合比	(1) m^2 (2) m	(1) 以平方米计量,按设计图示长度乘高度以面积计算; (2) 以米计量,按延长米计算	(1) 基层清理; (2) 底层和面层抹灰; (3) 材料运输
011105002	石材踢脚线	(1) 踢脚线高度; (2) 粘贴层厚度、材料种类; (3) 面层材料品种、规格、颜色; (4) 防护材料种类			(1) 基层清理; (2) 底层抹灰; (3) 面层铺贴、磨边; (4) 擦缝; (5) 磨光、酸洗打蜡; (6) 刷防护材料; (7) 材料运输
011105003	块料踢脚线				

表 9-4 楼梯面层

项目编码	项目名称	项目特征	计量单位	工程量计算规则	工作内容
011106001	石材楼梯面层	(1) 找平层厚度、砂浆配合比; (2) 黏结层厚度、材料种类; (3) 面层材料品种、规格、颜色; (4) 防滑条材料种类、规格; (5) 勾缝材料种类; (6) 防护层材料种类; (7) 酸洗打蜡要求	m^2	按设计图示尺寸以楼梯(包括踏步、休息平台及≤500mm 的楼梯井)水平投影面积计算。楼梯与楼地面相连时,算至梯口梁内侧边沿;无梯口梁者,算至最上一层踏步边沿加 300mm	(1) 基层清理; (2) 抹找平层; (3) 面层铺贴、磨边; (4) 贴嵌防滑条; (5) 勾缝; (6) 刷防护材料; (7) 酸洗打蜡; (8) 材料运输
011106002	块料楼梯面层				
011106004	水泥砂浆楼梯面层	(1) 踢脚线高度; (2) 黏结层厚度、材料种类; (3) 面层材料种类、规格、颜色			(1) 基层清理; (2) 抹找平层; (3) 抹面层; (4) 抹防滑条; (5) 材料运输
011106005	现浇水磨石楼梯面层	(1) 找平层厚度、砂浆配合比; (2) 面层厚度、水泥石子浆配合比; (3) 防滑条材料种类、规格; (4) 石子种类、规格、颜色; (5) 颜料种类、颜色; (6) 磨光、酸洗打蜡要求			(1) 基层清理; (2) 抹找平层; (3) 抹面层; (4) 贴嵌防滑条; (5) 磨光、酸洗打蜡; (6) 材料运输

表 9-5　台阶装饰

项目编码	项目名称	项目特征	计量单位	工程量计算规则	工作内容
011107001	石材台阶面	(1) 找平层厚度、砂浆配合比； (2) 黏结层材料种类；			(1) 基层清理； (2) 抹找平层； (3) 面层铺贴； (4) 贴嵌防滑条； (5) 勾缝； (6) 刷防护材料； (7) 材料运输
011107002	块料台阶面	(3) 面层材料品种、规格、颜色； (4) 勾缝材料种类； (5) 防滑条材料种类、规格； (6) 防护材料种类			
011107004	水泥砂浆台阶面	(1) 找平层厚度、砂浆配合比； (2) 面层厚度、砂浆配合比； (3) 防滑条材料种类	m^2	按设计图示尺寸以台阶（包括最上层踏步边沿加 300mm）水平投影面积计算	(1) 基层清理； (2) 抹找平层； (3) 抹面层； (4) 抹防滑条； (5) 材料运输
011107005	现浇水磨石台阶面	(1) 找平层厚度、砂浆配合比； (2) 面层厚度、水泥石子浆配合比； (3) 防滑条材料种类、规格； (4) 石子种类、规格、颜色； (5) 颜料种类、颜色； (6) 磨光、酸洗打蜡要求			(1) 清理基层； (2) 抹找平层； (3) 抹面层； (4) 贴嵌防滑条； (5) 打磨、酸洗打蜡； (6) 材料运输

二、楼地面装饰工程清单工程量计量

（一）整体面层及找平层

（1）整体面层的清单工程量

① 整体面层包括哪些？

整体面层按材料不同分为：水泥砂浆楼地面、现浇水磨石楼地面、细石混凝土楼地面、菱苦土楼地面和自流坪楼地面。

水泥砂浆楼地面

② 整体面层的清单工程量计算规则是什么？

整体面层的清单工程量按设计图示尺寸以面积计算。扣除凸出地面的构筑物、设备基础、室内管道、地沟等所占面积，不扣除间壁墙及 $\leqslant$ $0.3m^2$ 的柱、垛、附墙烟囱及孔洞所占的面积，但门洞、空圈、暖气包槽及壁龛等开口部分也不增加。

（2）平面砂浆找平层的清单工程量：清单工程量按设计图示尺寸以面积计算。

温馨提示：平面砂浆找平层只适用于仅做找平层的平面抹灰；楼地面混凝土垫层另按附录 E.1 垫层项目编码列项，其他材料垫层按 D.4 垫层项目编码列项。

块料楼地面

（二）块料面层

楼地面块料面层包括石材楼地面、碎石材楼地面和块料楼地面，按设计图示尺寸以面积计算。门洞、空圈、暖气包槽、壁龛的开口部分并入相应的工程量内。

（三）踢脚线

踢脚线按材料分为：水泥砂浆踢脚线、石材踢脚线、块料踢脚线、塑料板踢脚线、木质踢脚线等。踢脚线的清单工程量计算规则主要有两种：

（1）以平方米计量，按设计图示长度乘以高度以面积计算；

（2）以米计量，按延长米计算。

踢脚线

（四）楼梯面层

楼梯面层按材料分为：石材楼梯面层、块料楼梯面层、拼碎块料面层、水泥砂浆楼梯面层、现浇水磨石楼梯面层、木板楼梯面层等。楼梯面层的清单工程量按设计图示尺寸以楼梯（包括踏步、休息平台及≤500mm的楼梯井）水平投影面积计算。楼梯与楼地面相连时，算至梯口梁内侧边沿；无梯口梁者，算至最上一层踏步边沿加300mm。

块料楼梯面层

温馨提示：楼梯面层的清单项目，其工作内容包括抹防滑条或贴嵌防滑条，而定额项目不包括，需要单独列项计算。

（五）台阶装饰

台阶装饰按材料不同分为：石材台阶面、块料台阶面、拼碎块料台阶面、水泥砂浆台阶面、现浇水磨石台阶面和剁假石台阶面。台阶装饰的清单工程量计算规则：按设计图示尺寸以台阶（包括最上层踏步边沿加300mm）水平投影面积计算。

三、楼地面装饰工程工程量清单计价

（一）整体面层

（1）确定清单项目的组价内容。《房屋建筑与装饰工程工程量计算规范》（GB 50854—2013）规定：整体面层中各清单项目的工作内容不尽相同，具体参见表9-1。其中：水泥砂浆楼地面的工作内容与细石混凝土楼地面的工作内容基本上相同，包括基层清理、抹找平层、抹面层和材料运输。因此，二者对应的组价内容类似，均包括整体面层和找平层两个定额分项。

现浇水磨石楼地面的工作内容包括基层清理，抹找平层，面层铺设，嵌缝条安装，磨光、酸洗打蜡，材料运输。对应的组价内容包括现浇水磨石面层、找平层和酸洗打蜡三个定额分项。

（2）组价内容的计价工程量计算规则。某省装饰工程预算定额规定：

① 整体面层楼地面的计价工程量某省装饰工程预算定额规定：按设计图示尺寸以平方米计算。扣除凸出地面的构筑物、设备基础、室内管道、地沟等所占面积（不需做面层的地沟盖板所占面积亦应扣除），不扣除间壁墙及≤0.3m² 的柱、垛、附墙烟囱及孔洞所占的面积，但门洞、空圈、暖气包槽及壁龛等开口部分并入相应的计价工程量中。

② 找平层的计价工程量某省建筑工程预算定额规定：与整体面层楼地面相同。

（二）找平层

（1）确定清单项目的组价内容。《房屋建筑与装饰工程工程量计算规范》（GB 50854—2013）规定：平面砂浆找平层的工作内容包括基层清理、抹找平层、材料运输，对应的定额只包括找平层一个定额分项。

（2）组价内容的计价工程量计算规则。某省建筑工程预算定额规定：找平层的计价工程量按设计图示尺寸以平方米计算。扣除凸出地面的构筑物、设备基础、室内管道、地沟等所占面积（不需做面层的地沟盖板所占面积亦应扣除），不扣除间壁墙及≤0.3m² 的柱、垛、附墙烟囱及孔洞所占的面积，但门洞、空圈、暖气包槽及壁龛等开口部分并入相应的计价工程量中。

（三）块料面层

（1）确定清单项目的组价内容。《房屋建筑与装饰工程工程量计算规范》（GB 50854—2013）规定：块料面层的工作内容包括基层清理、抹找平层、面层铺贴、磨边、嵌缝、刷防护材料、酸洗打蜡、材料运输。组价内容包括找平层、块料面层、酸洗打蜡三个定额分项。

（2）组价内容的计价工程量计算规则。某省装饰工程预算定额规定：

① 楼地面块料面层的计价工程量应按设计图示饰面外围尺寸实铺面积以平方米计算。不扣除单个面积在 0.3m² 以内孔洞所占面积，门洞、空圈、暖气包槽、壁龛的开口部分并入相应的计价工程量中。

② 找平层的计价工程量计算规则与上述整体面层相同。

③ 酸洗打蜡的计价工程量与相应的面层相同。

（四）踢脚线

（1）确定清单项目的组价内容。《房屋建筑与装饰工程工程量计算规范》（GB 50854—2013）规定：踢脚线中各项目的工作内容不尽相同，具体参见表 9-3。水泥砂浆踢脚线的工作内容包括基层清理、底层和面层抹灰、材料运输，组价的内容只包括水泥砂浆踢脚线一个定额分项；石材踢脚线和块料踢脚线的工作内容相同，包括基层清理、底层抹灰、面层铺贴、磨边擦缝、磨光、酸洗打蜡、刷防护材料、材料运输，组价的内容包括踢脚线和酸洗打蜡两个定额分项。

（2）组价内容的计价工程量计算规则。某省装饰工程预算定额规定：

① 整体面层踢脚线的计价工程量按设计图示长度乘以高度以平方米计算，扣除门洞、空圈、暖气包槽、壁龛的开口部分，并增加侧壁面积。

② 块料踢脚线按设计图示饰面外围尺寸长度乘以高度以面积计算，扣除门洞、空圈、暖气包槽、壁龛的开口部分，并增加侧壁面积。

（五）楼梯面层

（1）确定清单项目的组价内容。《房屋建筑与装饰工程工程量计算规范》（GB 50854—2013）规定：楼梯面层中的各项目的工作内容不尽相同，具体参见表 9-4。石材楼梯面层和块料楼梯面层的工作内容相同，包括基层清理、抹找平层、面层铺贴、磨边、贴嵌防滑条、勾缝、刷防护材料、酸洗打蜡、材料运输。组价的内容包括找平层、面层、防滑条和酸洗打蜡等定额分项。

水泥砂浆楼梯面层的工作内容包括基层清理、抹找平层、抹面层、抹防滑条、材料运输。组价的内容包括找平层、水泥砂浆楼梯面层和防滑条三个定额分项。

现浇水磨石楼梯面层的工作内容包括基层清理、抹找平层、抹面层、贴嵌防滑条、磨光、酸洗打蜡、材料运输。组价的内容包括找平层、现浇水磨石楼梯面层、防滑条和酸洗打蜡四个定额分项。

（2）组价内容的计价工程量计算规则。某省建筑工程和装饰工程预算定额规定：

① 楼梯整体面层的计价工程量按设计尺寸展开面积以平方米计算。与楼地面相连时，从第一个踏步算至梯口梁内侧边沿；无梯口梁者，算至最上层踏步边沿加 300mm。

② 楼梯块料面层的计价工程量按设计图示饰面外围尺寸展开面积以平方米计算。与楼

地面相连时，从第一个踏步算至梯口梁内侧边沿；无梯口梁者，算至最上层踏步边沿加 300mm。

③ 楼梯找平层的计价工程量与楼梯整体面层的计价工程量相同。

④ 楼梯防滑条的计价工程量，设计有规定，按设计图示尺寸以米计算；设计无规定长度时按楼梯踏步长度两边共减以米计算 300mm。

⑤ 楼梯石材块料面层酸洗打蜡的计价工程量与相应面层相同。

（六）台阶面层

（1）确定清单项目的组价内容。《房屋建筑与装饰工程工程量计算规范》（GB 50854—2013）规定：台阶装饰中的各项目的工作内容不尽相同，具体参见表 9-5。不同材料的台阶面层包括的工作内容不同，组价的内容也不相同，但相同的材质包括的工作内容与组价的内容与上述楼梯面层相同。

（2）组价内容的计价工程量计算规则。各种组价内容的计价工程量计算规则与上述楼梯的相同。

第二节　墙、柱面装饰工程

一、墙、柱面装饰工程主要清单分项

《房屋建筑与装饰工程工程量计算规范》（GB 50854—2013）中墙、柱面装饰工程主要包括墙面抹灰、柱（梁）面抹灰、墙面块料面层、柱（梁）面镶贴块料等，其主要工程量清单项目如表 9-6～表 9-8 所示。

表 9-6　墙面抹灰

项目编码	项目名称	项目特征	计量单位	工程量计算规则	工作内容
011201001	墙面一般抹灰	（1）墙体类型； （2）底层厚度、砂浆配合比； （3）面层厚度、砂浆配合比	m²	按设计图示尺寸以面积计算。扣除墙裙、门窗洞口及单个 >0.3m² 的孔洞面积，不扣除踢脚线、挂镜线和墙与构件交接处的面积，门窗洞口和孔洞的侧壁及顶面不增加面积。附墙柱、梁、垛、烟囱侧壁并入相应的墙面面积内。 （1）外墙抹灰面积按外墙垂直投影面积计算。 （2）外墙裙抹灰面积按其长度乘以高度计算。 （3）内墙抹灰面积按主墙间的净长乘以高度计算。 ①无墙裙的，高度按室内楼地面至天棚底面计算。 ②有墙裙的，高度按墙裙顶至天棚底面计算。 ③有吊顶甜梦抹灰，高度算至天棚底。 （4）内墙裙抹灰面按内墙净长乘以高度计算	（1）基层清理； （2）砂浆制作、运输； （3）底层抹灰； （4）抹面层； （5）抹装饰面； （6）勾分格缝
0011201002	墙面装饰抹灰	（4）装饰面材料种类； （5）分格缝宽度、材料种类			
0011201003	墙面勾缝	（1）勾缝类型； （2）勾缝材料种类			（1）基层清理； （2）砂浆制作、运输； （3）勾缝
0011201004	立面砂浆找平层	（1）基层类型； （2）找平层砂浆厚度、配合比			（1）基层清理； （2）砂浆制作、运输； （3）抹灰找平

表 9-7　柱（梁）面抹灰

项目编码	项目名称	项目特征	计量单位	工程量计算规则	工作内容
011202001	柱、梁面一般抹灰	（1）柱体类型； （2）底层厚度、砂浆配合比； （3）面层厚度、砂浆配合比； （4）装饰面材料种类； （5）分格缝宽度、材料种类	m²	（1）柱面抹灰：按设计图示柱断面周长乘高度以面积计算。 （2）梁面抹灰：按设计图示梁断面周长乘长度以面积计算	（1）基层清理； （2）砂浆制作、运输； （3）底层抹灰； （4）抹面层； （5）勾分格缝
011202002	柱、梁面装饰抹灰				
011202003	柱、梁面砂浆找平	（1）柱（梁）体类型； （2）找平砂浆厚度、配合比			（1）基层清理； （2）砂浆制作、运输； （3）抹灰找平
011202004	柱面勾缝	（1）勾缝类型； （2）勾缝材料种类		按设计图示柱断面周长乘以高度以面积计算。	（1）基层清理； （2）砂浆制作、运输； （3）勾缝

表 9-8　墙面块料面层

项目编码	项目名称	项目特征	计量单位	工程量计算规则	工作内容
011204001	石材墙面	（1）墙体类型； （2）安装方式； （3）面层材料品种、规格、颜色； （4）缝宽、嵌缝材料种类； （5）防护材料种类； （6）磨光、酸洗打蜡要求	m²	按镶贴表面积计算	（1）基层清理； （2）砂浆制作、运输； （3）黏结层铺贴； （4）面层安装； （5）嵌缝； （6）刷防护材料； （7）磨光、酸洗、打蜡
011204003	块料墙面				
011204004	干挂石材钢骨架	（1）骨架种类、规格； （2）防锈漆品种、遍数	t	按设计图示尺寸以质量计算	（1）骨架制作、运输、安装； （2）刷漆

二、墙、柱面装饰工程清单工程量计量

（一）墙面抹灰

（1）墙面抹灰包括哪些？

《房屋建筑与装饰工程工程量计算规范》（GB 50854—2013）中墙面抹灰主要包括墙面一般抹灰、墙面装饰抹灰、墙面勾缝、立面砂浆找平层等清单分项。

（2）墙面抹灰的清单工程量计算规则。《房屋建筑与装饰工程工程量计算规范》（GB 50854—2013）规定：墙面抹灰均按设计图示尺寸以面积计算。扣除墙裙、门窗洞口及单个 >0.3m² 的孔洞面积，不扣除踢脚线、挂镜线和墙与构件交接处的面积，门窗洞口和孔洞的侧壁及顶面不增加面积。附墙柱、梁、垛、烟囱侧壁并入相应的墙面面积内。

① 外墙抹灰面积按外墙垂直投影面积计算。

② 外墙裙抹灰面积按其长度乘以高度计算。

③ 内墙抹灰面积按主墙间的净长乘以高度计算。

● 无墙裙的，高度按室内楼地面至天棚底面计算。

● 有墙裙的，高度按墙裙顶至天棚底面计算。

● 有吊顶天棚抹灰，高度算到天棚底。

④ 内墙裙抹灰面按内墙净长乘以高度计算。

温馨提示：（1）立面砂浆找平项目适用于仅做找平层的立面抹灰。

（2）飘窗凸出外墙面增加的抹灰并入外墙工程量内。

（3）有吊顶天棚的内墙抹灰，抹到吊顶以上部分在综合单价中考虑。

（二）柱（梁）面抹灰

（1）柱（梁）面抹灰包括哪些？

《房屋建筑与装饰工程工程量计算规范》（GB 50854—2013）中柱（梁）面抹灰包括柱、梁面一般抹灰，柱、梁面装饰抹灰，柱、梁面砂浆找平，柱、梁面勾缝等清单分项。

（2）柱（梁）面抹灰的清单工程量计算规则。《房屋建筑与装饰工程工程量计算规范》（GB 50854—2013）规定：

① 柱面一般抹灰、装饰抹灰和砂浆找平的清单工程量：按设计图示柱断面周长乘以高度以面积计算。

② 梁面一般抹灰、装饰抹灰和砂浆找平的清单工程量：按设计图示梁断面周长乘以长度以面积计算。

③ 柱面勾缝的清单工程量：按设计图示柱断面周长乘以高度以面积计算。

温馨提示：砂浆找平项目适用于仅做找平层的柱（梁）面抹灰。

（三）墙面块料面层

（1）墙面块料面层包括哪些？

《房屋建筑与装饰工程工程量计算规范》（GB 50854—2013）中墙面块料面层包括石材墙面、拼碎石材墙面、块料墙面、干挂石材钢骨架。

（2）墙面块料面层的清单工程量计算规则。《房屋建筑与装饰工程工程量计算规范》（GB 50854—2013）规定：石材墙面、拼碎石材墙面、块料墙面的清单工程量按镶贴表面积计算。

块料墙面

干挂石材钢骨架的清单工程量按设计图示以质量计算。

温馨提示：安装方式可描述为砂浆或粘贴剂粘贴、挂贴、干挂等，不论哪种安装方式，都要详细描述与组价相关的内容。

（四）柱、梁面镶贴块料

（1）柱（梁）面镶贴块料包括哪些？

《房屋建筑与装饰工程工程量计算规范》（GB 50854—2013）中柱（梁）面镶贴块料包括石材柱面、块料柱面、拼碎块柱面、石材梁面和块料梁面。

（2）柱（梁）面镶贴块料的清单工程量计算规则。《房屋建筑与装饰工程工程量计算规范》（GB 50854—2013）规定：柱（梁）面镶贴块料的清单工程量均按镶贴表面积计算。

温馨提示：柱梁面干挂石材的钢骨架按相应项目编码列项。

三、墙、柱面装饰工程工程量清单计价

（一）墙面抹灰

（1）确定清单项目的组价内容。《房屋建筑与装饰工程工程量计算规范》（GB 50854—

2013）规定：墙面一般抹灰和装饰抹灰的工作内容相同，包括基层清理，砂浆制作、运输，底层抹灰，抹面层，抹装饰面，勾分格缝。组价的内容只包括墙面一般抹灰（装饰抹灰）一个定额分项。

墙面勾缝包的工作内容括基层清理，砂浆制作、运输，勾缝。组价的内容只包括勾缝一个定额分项。

（2）组价内容的计价工程量计算规则。某省装饰工程预算定额规定：

① 墙面抹灰的计价工程量计算规则与清单规则基本相同。所不同的就是，有天棚吊顶的内墙、柱面抹灰，其高度按室内地面或楼面至吊顶底面另加 100mm（设计有要求按设计高度）计算。

② 墙面勾缝的计价工程量按设计图示尺寸墙面垂直投影面积以平方米计算。扣除墙裙和墙面抹灰面积，不扣除门窗套和腰线等零星抹灰和门窗洞口所占面积，垛和门窗侧面的勾缝面积亦不增加。

（二）柱（梁）面抹灰

（1）确定清单项目的组价内容。《房屋建筑与装饰工程工程量计算规范》（GB 50854—2013）规定：柱、梁面一般抹灰和装饰抹灰的工作内容包括基层清理，砂浆制作、运输，底层抹灰，抹面层，勾分格缝。组价的内容只包括独立柱（梁）抹灰一个定额分项。

（2）组价内容的计价工程量计算规则。某省装饰工程预算定额规定：独立柱（梁）抹灰按设计图示尺寸周长乘以柱（梁）的高度（长度）以平方米计算。有天棚吊顶的柱面抹灰，其高度按室内地面或楼面至吊顶底面另加 100mm（设计有要求按设计高度）计算。

（三）墙面块料面层

（1）确定清单项目的组价内容。《房屋建筑与装饰工程工程量计算规范》（GB 50854—2013）规定：石材墙面和块料墙面的工作内容包括基层清理，砂浆制作、运输，黏结层铺贴，面层安装，嵌缝，刷防护材料，磨光、酸洗打蜡。组价的内容包括石材墙面（或块料墙面）和酸洗打蜡两个定额分项。

（2）组价内容的计价工程量计算规则。某省装饰工程预算定额规定：

墙面镶贴块料面层的计价工程量按设计图示饰面外围尺寸面积以平方米计算。不扣除单个面积在 0.15m² 以内的孔洞所占面积，附墙柱（梁）并入墙面块料面层的计价工程量内。有天棚吊顶的块料墙面，计算计价工程量时高度按图示尺寸增加 100mm（设计有要求按设计高度）计算。

面层酸洗打蜡的计价工程量与墙面镶贴块料面层的计价工程量相同。

温馨提示：某省装饰工程预算定额中干挂石材的定额中包括了制作、安装钢筋网片等所有内容，因此清单中干挂石材钢骨架不需要再进行组价，即将来石材墙面的综合单价就包含钢骨架的价格了。

（四）柱、梁面镶贴块料

（1）确定清单项目的组价内容。《房屋建筑与装饰工程工程量计算规范》（GB 50854—2013）规定：柱梁面镶贴块料的工作内容包括基层清理，砂浆制作、运输，黏结层铺贴，面层安装，嵌缝，刷防护材料，磨光、酸洗打蜡。组价的内容包括独立柱（梁）面镶贴块料面层和酸洗打蜡两个定额分项。

（2）组价内容的计价工程量计算规则。某省装饰工程预算定额规定：独立柱（梁）面镶贴块料面层按设计图示饰面外围周长尺寸乘以块料镶贴高度（长度）以面积计算。有天棚吊顶的柱面块料面层计算计价工程量时，高度按设计图示尺寸增加 100mm（设计有要求按设计高度）计算。

第三节 天棚工程

一、天棚工程主要清单分项

《房屋建筑与装饰工程工程量计算规范》（GB 50854—2013）中天棚工程主要包括天棚抹灰、吊顶天棚等，其主要工程量清单项目如表 9-9 所示。

表 9-9 天棚抹灰及吊顶天棚

项目编码	项目名称	项目特征	计量单位	工程量计算规则	工作内容
011301001	天棚抹灰	(1) 基层类型； (2) 抹灰厚度、材料种类； (3) 砂浆配合比	m²	按设计图示尺寸以水平投影面积计算。不扣除间壁墙、垛、柱、附墙烟囱、检查口和管道所占的面积，带梁天棚、梁两侧抹灰面积并入天棚面积内，板式楼梯底面抹灰按斜面积计算，锯齿形楼梯底板抹灰按展开面积计算	(1) 基层清理； (2) 底层抹灰； (3) 抹面层
011302001	天棚吊顶	(1) 吊顶形式、吊杆规格、高度； (2) 龙骨材料种类、规格、中距； (3) 基层材料种类、规格； (4) 面层材料品种、规格； (5) 压条材料种类、规格； (6) 嵌缝材料种类； (7) 防护材料种类	m²	按设计图示尺寸以水平投影面积计算。天棚面中的灯槽及跌级、锯齿形、吊挂式、藻井式天棚面积不展开计算。不扣除间壁墙、检查口、附墙烟囱、柱垛和管道所占面积，扣除单个>0.3m² 的孔洞、独立柱及与天棚相连的窗帘盒所占的面积	(1) 基层清理、吊杆安装； (2) 龙骨安装； (3) 基层板铺贴； (4) 面层铺贴； (5) 嵌缝； (6) 刷防护材料

二、天棚工程清单工程量计量

（一）天棚抹灰

《房屋建筑与装饰工程工程量计算规范》（GB 50854—2013）规定：天棚抹灰的清单工程量按设计图示尺寸以水平投影面积计算。不扣除间壁墙、垛、柱、附墙烟囱、检查口和管道所占的面积，带梁天棚的梁两侧抹灰面积并入天棚面积内，板式楼梯底面抹灰按斜面积计算，锯齿形楼梯底板抹灰按展开面积计算。

天棚抹灰

（二）吊顶天棚

《房屋建筑与装饰工程工程量计算规范》（GB 50854—2013）规定：吊顶天棚的清单工程量按设计图示尺寸以水平投影面积计算。天棚面中的灯槽及跌级、锯齿形、吊挂式、藻井式天棚面积不展开计算。不扣除间壁墙、检查口、附墙烟囱、柱垛和管道所占面积，扣除单个>0.3m² 的孔洞、独立柱及与天棚相连的窗帘盒所占的面积。

吊顶天棚

三、天棚工程工程量清单计价

（一）天棚抹灰

（1）确定清单项目的组价内容。《房屋建筑与装饰工程工程量计算规范》（GB 50854—2013）规定：天棚抹灰的工作内容包括基层清理、底层抹灰、抹面层。组价的内容只包括天棚抹灰一个定额分项。

（2）组价内容的计价工程量计算规则。某省装饰工程预算定额规定：

① 天棚抹灰按设计图示尺寸主墙间净面积以平方米计算，不扣除间壁墙、附墙垛、附墙柱、附墙烟囱及单个面积小于 $0.30m^2$ 的洞口和检查口所占的面积。带梁天棚、梁侧面抹灰面积并入天棚抹灰工程量。

② 密肋梁和井字梁天棚抹灰面积，按设计图示尺寸展开面积以平方米计算。

③ 檐口天棚的抹灰面积并入做法相同的天棚抹灰工程量。

④ 楼梯底面抹灰只包括踏步部分，与楼地面相连时，算至梯口梁内侧边沿；无梯口梁者，算至最上一层踏步边沿加 300mm。板式底面抹灰按设计图示尺寸斜面积以 "m^2" 计算，锯齿形底面抹灰按设计图示尺寸展开面积以平方米计算。

阳台板、雨篷板底面抹灰按图示尺寸水平投影面积以平方米计算。带悬臂梁者，阳台工程量乘以系数 1.30，雨篷工程量乘以系数 1.20。

（二）吊顶天棚

（1）确定清单项目的组价内容。《房屋建筑与装饰工程工程量计算规范》（GB 50854—2013）规定：吊顶天棚的工作内容基层清理、吊杆安装、龙骨安装、基层板铺贴、面层铺贴、嵌缝、刷防护材料。组价的内容包括吊顶龙骨、天棚基层和天棚面层三个定额分项。

（2）组价内容的计价工程量计算规则。某省装饰工程预算定额规定：

① 平面吊顶龙骨按设计图示尺寸水平投影面积以平方米或按设计图示尺寸乘以理论单位质量以吨计算，不扣除间壁墙、检查口、附墙烟囱、附墙垛、附墙柱和管道所占面积。

② 平面天棚基层、面层的计价工程量按设计图示尺寸水平投影面积以平方米计算，不扣除间壁墙、检查口和单个面积 $0.3m^2$ 以内的柱、垛、孔洞所占面积，扣除与天棚相连的窗帘盒面积。

第四节 门窗工程

一、门窗工程主要清单分项

《房屋建筑与装饰工程工程量计算规范》（GB 50854—2013）中门窗工程主要包括木门、金属门、木窗、金属窗、窗台板等。其主要清单项目如表 9-10～表 9-15 所示。

表 9-10 木门

项目编码	项目名称	项目特征	计量单位	工程量计算规则	工作内容
010801001	木质门	（1）门代号及洞口尺寸； （2）镶嵌玻璃品种、厚度	（1）樘 （2）m^2	（1）以樘计量，按设计图示数量计算； （2）以平方米计量，按设计图示洞口尺寸以面积计算	（1）门安装； （2）玻璃安装； （3）五金安装

续表

项目编码	项目名称	项目特征	计量单位	工程量计算规则	工作内容
010801005	木门框	(1) 门代号及洞口尺寸； (2) 框截面尺寸； (3) 防护材料种类	(1) 樘 (2) m	(1) 以樘计量，按设计图示数量计算； (2) 以米计量，按设计图示框的中心线以延长米计算	(1) 木门框制作、安装； (2) 运输； (3) 刷防护材料
010801006	门锁安装	(1) 锁品种； (2) 锁规格	个 （套）	按设计图示数量计算	安装

表 9-11　金属门

项目编码	项目名称	项目特征	计量单位	工程量计算规则	工作内容
010802001	金属 （塑钢）门	(1) 门代号及洞口尺寸； (2) 门框或扇外围尺寸； (3) 门框、扇材质； (4) 玻璃品种、厚度	(1) 樘 (2) m²	(1) 以樘计量，按设计图示数量计算； (2) 以平方米计量，按设计图示洞口尺寸以面积计算	(1) 门安装； (2) 五金安装； (3) 玻璃安装
010702004	防盗门	(1) 门代号及洞口尺寸； (2) 门框或扇外围尺寸； (3) 门框、扇材质	(1) 樘 (2) m²		(1) 门安装； (2) 五金安装

表 9-12　其他门

项目编码	项目名称	项目特征	计量单位	工程量计算规则	工作内容
010805001	电子 感应门	(1) 门代号及洞口尺寸； (2) 门框或扇外围尺寸； (3) 门框、扇材质； (4) 玻璃品种、厚度； (5) 启动装置的品种、规格； (6) 电子配件品种、规格	(1) 樘 (2) m²	(1) 以樘计量，按设计图示数量计算； (2) 以平方米计量，按设计图示洞口尺寸以面积计算	(1) 门安装； (2) 启动装置、五金、电子配件安装；
010805002	旋转门				
010805003	电子 对讲门	(1) 门代号及洞口尺寸； (2) 门框或扇外围尺寸； (3) 门材质； (4) 玻璃品种、厚度； (5) 启动装置的品种、规格； (6) 电子配件品种、规格			
010805004	电动 伸缩门				

表 9-13　木窗

项目编码	项目名称	项目特征	计量单位	工程量计算规则	工作内容
010806001	木质窗	(1) 窗代号及洞口尺寸； (2) 玻璃品种、厚度； (3) 防护材料种类	(1) 樘 (2) m²	(1) 以樘计量，按设计图示数量计算； (2) 以平方米计量，按设计图示洞口尺寸以面积计算	(1) 窗制作、运输、安装； (2) 五金、玻璃安装； (3) 刷防护材料

表 9-14　金属窗

项目编码	项目名称	项目特征	计量单位	工程量计算规则	工作内容
010807001	金属 （塑钢、断桥）窗	(1) 窗代号及洞口尺寸； (2) 框、扇材质； (3) 玻璃品种、厚度	(1) 樘 (2) m²	(1) 以樘计量，按设计图示数量计算； (2) 以平方米计量，按设计图示洞口尺寸以面积计算	(1) 窗安装； (2) 五金、玻璃安装

表 9-15　窗台板

项目编码	项目名称	项目特征	计量单位	工程量计算规则	工作内容
010809004	石材窗台板	（1）黏结层厚度、砂浆配合比； （2）窗台板材质、规格、颜色	m²	按设计图示尺寸以展开面积计算	（1）基层清理； （2）抹找平层； （3）窗台板制作、安装

二、门窗工程清单工程量计量

（一）各类门窗

《房屋建筑与装饰工程工程量计算规范》（GB 50854—2013）规定：各种门、窗的工程量计算规则有两种。

（1）以樘计量，按设计图示数量计算；

（2）以平方米计量，按设计图示洞口尺寸以面积计算。

温馨提示：以樘计量，项目特征必须描述洞口尺寸；以平方米计量，项目特征可不描述洞口尺寸。

（二）木门框

木门框的清单工程量的计算规则有两种：

（1）以樘计量，按设计图示数量计算；

（2）以米计量，按设计图示框的中心线以延长米计算。

温馨提示：单独制作安装木门框按木门框项目编码列项。

（三）窗台板

窗台板的清单工程量计算规则为按设计图示尺寸以展开面积计算。

三、门窗工程工程量清单计价

（一）木门

（1）确定清单项目的组价内容。《房屋建筑与装饰工程工程量计算规范》（GB 50854—2013）规定：木门的工作内容一般包括门安装、玻璃安装和五金安装。组价的内容只包括成品木门安装一个定额分项。

温馨提示：目前，市场上的木门大部分都是成品门，所以木门按成品门考虑。

（2）组价内容的计价工程量计算规则。某省装饰工程预算定额规定：成品门安装工程量按设计图示扇外围尺寸面积以平方米计算。

（二）金属门、窗

（1）确定清单项目的组价内容。《房屋建筑与装饰工程工程量计算规范》（GB 50854—2013）规定：金属门窗的工作内容一般包括门窗安装、玻璃安装、五金安装。组价的内容只包括金属门（窗）一个定额分项。

（2）组价内容的计价工程量计算规则。某省装饰工程预算定额规定：

① 铝合金门窗（飘凸窗除外）、塑钢门窗（飘凸窗除外）均按设计图示门、窗洞口尺寸面积以平方米计算。

金属门

木质门

其他门

窗台板

② 铝合金窗纱扇按设计图示扇外围尺寸面积以平方米计算。

③ 飘凸窗按设计图示框型材中心线尺寸展开面积以平方米计算。

④ 钢质防火门、防盗门安装按设计图示门洞口尺寸面积以平方米计算。

⑤ 防盗窗安装按设计图示窗框外围尺寸面积以平方米计算。

（三）其他门

（1）确定清单项目的组价内容。《房屋建筑与装饰工程工程量计算规范》（GB 50854—2013）规定：电子感应门、旋转门、电子对讲门、电动伸缩门的工作内容均包括门安装和启动装置、五金、电子配件安装。组价的内容包括门和电动（传动）装置安装两个定额分项。

（2）组价内容的计价工程量计算规则。某省装饰工程预算定额规定：

① 全玻转门按设计图示数量以"樘"计算。

② 不锈钢伸缩门按设计图示尺寸伸长长度以米计算。

③ 传感和电动装置按设计图示数量以"套"计算。

（四）窗台板

（1）确定清单项目的组价内容。《房屋建筑与装饰工程工程量计算规范》（GB 50854—2013）规定：石材窗台板的工作内容一般包括基层清理，抹找平层，窗台板制作、安装。组价的内容包括基层清理，抹找平层，窗台板制作、安装。组价的内容包括找平层和窗台板两个定额分项。

（2）组价内容的计价工程量计算规则。某省装饰工程预算定额规定：窗台板按设计图示长度乘以宽度面积以平方米计算。图纸未注明尺寸的，长度按窗框的外围宽度两边共加100mm计算，凸出墙面的宽度按墙面外加50mm计算。

第五节 油漆、涂料、裱糊工程

一、油漆、涂料、裱糊工程主要清单分项

《房屋建筑与装饰工程工程量计算规范》（GB 50854—2013）中油漆、涂料、裱糊工程包括：门窗油漆、木扶手及其他板条、线条油漆、木材面油漆、金属面油漆、抹灰面油漆、喷刷涂料和裱糊。其主要清单项目如表9-16～表9-20所示。

表 9-16 门油漆

项目编码	项目名称	项目特征	计量单位	工程量计算规则	工作内容
011401001	木门油漆	（1）门类型； （2）门代号及洞口尺寸； （3）腻子种类； （4）刮腻子遍数； （5）防护材料种类； （6）油漆品种、刷漆遍数	（1）樘 （2）m²	（1）以樘计量，按设计图示数量计量； （2）以平方米计量，按设计图示洞口尺寸以面积计算以樘计量，按设计图示数量计量	（1）基层清理； （2）刮腻子； （3）刷防护材料、油漆
011401002	金属门油漆				（1）除锈、基层清理； （2）刮腻子； （3）刷防护材料、油漆

表 9-17　窗油漆

项目编码	项目名称	项目特征	计量单位	工程量计算规则	工作内容
011402001	木窗油漆	(1) 窗类型； (2) 窗代号及洞口尺寸； (3) 腻子种类； (4) 刮腻子遍数； (5) 防护材料种类； (6) 油漆品种、刷漆遍数	(1) 樘 (2) m²	(1) 以樘计量，按设计图示数量计量； (2) 以平方米计量，按设计图示洞口尺寸以面积计算	(1) 基层清理； (2) 刮腻子； (3) 刷防护材料、油漆
011402002	金属窗油漆				(1) 除锈、基层清理； (2) 刮腻子； (3) 刷防护材料、油漆

表 9-18　金属面油漆

项目编码	项目名称	项目特征	计量单位	工程量计算规则	工作内容
011405001	金属面油漆	(1) 构件名称； (2) 腻子种类； (3) 刮腻子要求； (4) 防护材料种类； (5) 油漆品种、刷漆遍数	(1) t (2) m²	(1) 以吨计量，按设计图示尺寸以质量计算； (2) 以平方米计量，按设计展开面积计算	(1) 基层清理； (2) 刮腻子； (3) 刷防护材料、油漆

表 9-19　抹灰面油漆

项目编码	项目名称	项目特征	计量单位	工程量计算规则	工作内容
011406001	抹灰面油漆	(1) 基层类型； (2) 腻子种类； (3) 刮腻子遍数； (4) 防护材料种类； (5) 油漆品种、刷漆遍数； (6) 部位	m²	按设计图示尺寸以面积计算	(1) 基层清理； (2) 刮腻子； (3) 刷防护材料、油漆

表 9-20　喷刷涂料

项目编码	项目名称	项目特征	计量单位	工程量计算规则	工作内容
011407001	墙面喷刷涂料	(1) 基层类型； (2) 喷刷涂料部位； (3) 腻子种类； (4) 刮腻子要求； (5) 涂料品种、喷刷遍数	m²	按设计图示尺寸以面积计算	(1) 基层清理； (2) 刮腻子； (3) 刷、喷涂料
011407002	天棚喷刷涂料				

二、油漆、涂料、裱糊工程清单工程量计量

(一) 各类门窗油漆

各类门窗油漆的清单工程量计算规则有两种：

(1) 以樘计量，按设计图示数量计量；

(2) 以平方米计量，按设计图示洞口尺寸以面积计算。

窗油漆　　门油漆

（二）金属面油漆

金属面油漆的清单工程量计算规则有两种：

（1）以吨计量，按设计图示尺寸以质量计算；

（2）以平方米计量，按设计展开面积计算。

金属面油漆

（三）抹灰面油漆

抹灰面油漆的清单工程量按设计图示尺寸以面积计算。

（四）墙面（天棚）喷刷涂料

墙面（天棚）喷刷涂料的清单工程量均按设计图示尺寸以面积计算。

抹灰面油漆

三、油漆、涂料、裱糊工程工程量清单计价

（一）木门油漆

（1）确定清单项目的组价内容。《房屋建筑与装饰工程工程量计算规范》（GB 50854—2013）规定：木门窗油漆的工作内容包括基层清理，刮腻子，刷防护材料、油漆。组价的内容只包括木门油漆一个定额分项。

（2）组价内容的计价工程量计算规则。某省装饰工程预算定额规定：执行木门油漆的项目，工程量计算规则及相应系数见表 9-21。

表 9-21　工程量计算规则和相应系数表

	项目	系数	工程量计算规则（设计图示尺寸）
1	单层木门	1.00	门洞口面积
2	单层半玻门	0.85	
3	单层全玻门	0.75	
4	半截百叶门	1.50	
5	全百叶门	1.70	
6	厂库房大门	1.10	
7	纱门窗	0.80	
8	特种门（包括冷藏门）	1.00	
9	装饰门扇	0.90	扇外围尺寸面积

（二）金属面油漆

（1）确定清单项目的组价内容。《房屋建筑与装饰工程工程量计算规范》（GB 50854—2013）规定：金属面油漆的工作内容包括基层清理，刮腻子，刷防护材料、油漆。组价的内容只包括金属面油漆定额分项。

（2）组价内容的计价工程量计算规则。某省装饰工程预算定额规定：金属面油漆（另做说明的除外）按设计图示尺寸涂刷面积以平方米计算。

（三）抹灰面油漆

（1）确定清单项目的组价内容。《房屋建筑与装饰工程工程量计算规范》（GB 50854—2013）规定：抹灰面油漆的工作内容一般包括基层清理，刮腻子，刷防护材料、油漆。组价的内容只包括抹灰面油漆一个定额分项。

（2）组价内容的计价工程量计算规则。某省装饰工程预算定额规定：

① 抹灰面油漆（另做说明的除外）按设计图示尺寸涂刷面积以平方米计算。

②有梁板底、密肋梁板底、井字梁板底刷油漆（另做说明的除外）按设计图示尺寸展开面积以平方米计算。

（四）墙面（天棚）喷刷涂料

（1）确定清单项目的组价内容。《房屋建筑与装饰工程工程量计算规范》（GB 50854—2013）规定：墙面（天棚）喷刷涂料的工作内容包括基层清理，刮腻子，刷防护材料、油漆。组价的内容只包括墙面（天棚）喷刷涂料一个定额分项。

（2）组价内容的计价工程量计算规则。某省装饰工程预算定额规定：墙面、天棚喷刷涂料按设计图示尺寸喷刷面积以平方米计算。

【例 9-1】　如图 9-1 所示为某工程二层平面图，请分别计算办公室 1 的楼地面、踢脚线、内墙面和天棚的清单工程量，并编制它们的工程量清单。已知二层层高 3.3m，板厚 120mm，外墙为 370mm 砖墙，内墙为 240mm 砖墙，C-1 尺寸为 1500mm×1800mm，离地高度 900mm，M-2 尺寸为 900mm×2400mm。办公室 1 的装修做法明细如表 9-22 所示。

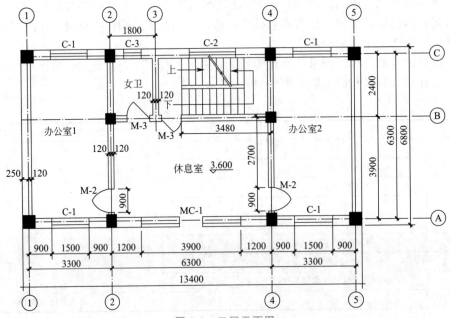

图 9-1　二层平面图

表 9-22　办公室 1 的装修做法明细表

装修名称	用量及分层做法
铺瓷砖楼面	（1）铺 800mm×800mm×10mm 瓷砖，白水泥嵌缝； （2）20mm 厚 1∶3 干硬性水泥砂浆粘贴层； （3）素水泥浆一遍； （4）35mm 厚细石混凝土找平层； （5）素水泥浆一遍； （6）钢筋混凝土楼板
水泥砂浆踢脚线	（1）6mm 厚 1∶2 水泥砂浆罩面压实赶光，高 120mm； （2）12mm 厚 1∶3 水泥砂浆打底扫毛
水泥砂浆墙面	（1）抹灰面挂三遍仿瓷涂料； （2）面层厚度 6 厚 1∶2 水泥砂浆面层； （3）底层厚度 12 厚 1∶3 水泥砂浆底层； （4）钢筋混凝土楼板

装修名称	用量及分层做法
混合砂浆抹灰天棚	（1）抹灰面挂三遍仿瓷涂料； （2）2mm 厚 1:0.5:3 混合砂浆面层； （3）5mm 厚 1:1:4 混合砂浆打底； （4）刷素水泥浆一遍（内掺建筑胶）

【解】 办公室 1 装修的清单工程量计算如下。

（1）楼面面层的清单工程量：根据块料楼面的清单工程量计算规则，楼面面层的清单工程量按设计图示尺寸以面积计算，门洞开口部分并入相应的工程量。

$$S_{楼面}=(6.3-0.24)\times(3.3-0.24)+0.9\times0.12=18.65（m^2）$$

（2）水泥砂浆踢脚线的清单工程量

① 按延长米计算：

$$(3.3-0.24+6.3-0.24)\times2-0.9=17.34（m）$$

② 按面积计算：$17.34\times0.12=2.08（m^2）$

（3）内侧墙面水泥砂浆抹面的清单工程量

① 内侧墙面总长 $=(3.3-0.24+6.3-0.24)\times2=18.24（m）$

② 内侧墙面水泥砂浆抹面高度 $=3.3-0.12=3.18（m）$

③ 需扣除的门窗洞口面积 $=1.5\times1.8\times2+0.9\times2.4=7.56（m^2）$

④ 清单中规定计算墙面抹灰工程量时，不增加门窗洞口侧壁的面积，所以内侧墙面水泥砂浆抹面的工程量 $=18.24\times3.18-7.56=50.44（m^2）$

（4）天棚的清单工程量：$(6.3-0.24)\times(3.3-0.24)=18.54（m^2）$

办公室 1 装饰装修工程的招标工程量清单表如表 9-23 所示。

表 9-23 办公室装饰装修工程的招标工程量清单表

项目编码	项目名称	项目特征描述	计量单位	工程量
011102003001	块料楼地面	（1）35mm 厚细石混凝土找平层； （2）20mm 厚 1:3 干硬性水泥砂浆粘贴层； （3）800mm×800mm 瓷砖； （4）白水泥嵌缝	m²	18.65
011105001001	水泥砂浆踢脚线	（1）踢脚线高度 120mm； （2）底层厚度 12mm，水泥砂浆配合比 1:3； （3）面层厚度 6mm，水泥砂浆配合比 1:2	m²	2.08
011201001001	墙面一般抹灰	（1）墙体类型：砖墙； （2）底层厚度 12mm，水泥砂浆配合比 1:3； （3）面层厚度 6mm，水泥砂浆配合比 1:2； （4）装饰面材料种类：仿瓷涂料	m²	50.44
011301001001	天棚抹灰	（1）基层类型：预制混凝土楼板； （2）底层抹灰厚度 5mm，混合砂浆，砂浆配合比 1:1:4； （3）面层抹灰厚度 3mm，混合砂浆，砂浆配合比 1:0.5:3； （4）装饰面材料种类：仿瓷涂料	m²	18.54

温馨提示：本例题没有单独列仿瓷墙面涂料和天棚涂料，将来将仿瓷涂料面层的单价组合在相应的墙面和天棚抹灰中。

【例 9-2】 对【例 9-1】的办公室 1 装饰装修工程的工程量清单进行计价。

【解】 （1）块料楼面

① 根据《工程量计算规范》中块料楼面的项目特征和工作内容可知，其组价内容包括找平层和块料面层两个定额子目。

② 找平层的计价工程量计算规则与铺块料面层相同，为 18.65m²。

③ 块料面层的计价工程量与清单工程量相同，为 18.65m²。

④ 某省与块料面层相关的最新预算定额如表 9-24 所示。由建设工程费用定额可知，建筑工程的管理费和利润的计费基础是定额工料机，费率分别为 8.48% 和 7.04%。装饰工程管理费和利润的计费基础是定额人工费，费率分别为 9.12% 和 9.88%。

⑤ 块料楼面的综合单价分析表如表 9-25 所示。

表 9-24　块料楼面组价定额子目　　　　　　　　　　　100m²

定额编号	A4-103	A4-104	B1-19
项目	细石混凝土		楼地面
	硬基层面上		全瓷地砖周长/mm
			3200 以内
	30mm	每增减 5mm	干硬性水泥砂浆粘贴
			20mm
预算价格/元	1378.78	179.54	12178.14
其中　人工费/元	557.50	56.25	3997.00
材料费/元	791.28	123.29	8721.14
机械费/元	—	—	—

表 9-25　块料楼面的综合单价分析表

项目编码	011102003001	项目名称	块料楼地面	计量单位	m²	工程量	18.65

清单综合单价组成明细

定额编号	定额名称	定额单位	数量	单价/元				合价/元			
				人工费	材料费	机械费	管理费和利润	人工费	材料费	机械费	管理费和利润
A4-103+ A4-104	细石混凝土找平层	100m²	0.1865	613.75	914.57	—		114.46	170.57	—	44.24
B1-19	瓷砖楼地面	100m²	0.1865	3997.00	8721.14	—		754.44	1626.49		143.34
小计/元								868.9	1797.06		187.58
清单项目综合单价/元								153			

温馨提示：根据已知条件，找平层厚度是 35mm，与定额不一致，所以需要调整。

（2）水泥砂浆踢脚线

① 根据《工程量计算规范》中水泥砂浆踢脚线的项目特征和工作内容可知，其组价内容只包括水泥砂浆踢脚线一个定额子目。

② 踢脚线的计价工程量与清单工程量不同，需要增加门洞侧壁的面积，因此，其计价工程量为：$2.08+0.12×0.12×2=2.11$（m^2）。

③ 某省与水泥砂浆踢脚线相关的最新预算定额如表9-26所示。由建设工程费用定额可知，装饰工程管理费和利润的计费基础是定额人工费，费率分别为9.12％和9.88％。

表 9-26　水泥砂浆踢脚线组价定额子目表　　　　　　　　　　100m^2

定额编号		B1-55
项目		踢脚线
		水泥砂浆
		（12+6）mm
预算价格/元		5935.50
其中	人工费/元	5371.80
	材料费/元	508.67
	机械费/元	55.03

温馨提示：根据已知条件，水泥砂浆踢脚线的厚度与砂浆配合比与定额一致，所以不需要调整，直接套用。

④ 水泥砂浆踢脚线的综合单价分析如下：

$$人工费=5371.80×2.11÷100=113.34（元）$$
$$材料费=508.67×2.11÷100=10.73（元）$$
$$机械费=55.03×2.11÷100=1.16（元）$$
$$管理费和利润=113.34×（9.12％+9.88％）=21.53（元）$$
$$水泥砂浆踢脚线综合单价=（113.34+10.73+1.16+21.53）÷2.11（清单工程量）$$
$$=69.55（元）$$

（3）水泥砂浆内墙面

① 根据《工程量计算规范》中水泥砂浆内墙面的项目特征和工作内容可知，其组价内容包括水泥砂浆墙面和抹灰面涂料两个定额分项。

② 根据水泥砂浆墙面和抹灰面涂料的计价工程量计算规则与清单工程量相同，都为 $50.44m^2$。

③ 某省与水泥砂浆踢脚线相关的墙面抹灰最新预算定额如表9-27所示。由建设工程费用定额可知，装饰工程管理费和利润的计费基础是定额人工费，费率分别为9.12％和9.88％。

表 9-27　墙面抹灰组价定额子目表　　　　　　　　　　100m^2

定额编号		B2-1	B5-187
项目		水泥砂浆	仿瓷涂料
		砖墙	墙面
		（12+6）mm	三遍
预算价格/元		3059.90	1671.60
其中	人工费/元	2501.80	1330
	材料费/元	495.96	341.60
	机械费/元	62.14	

温馨提示：根据已知条件，水泥砂浆墙面和仿瓷涂料的条件与定额一致，所以不需要调整换算，直接套用。

水泥砂浆墙面工程量综合单价分析表如表 9-28 所示。

表 9-28　水泥砂浆墙面工程量清单综合单价分析表

项目编码	011201001001		项目名称	墙面一般抹灰		计量单位	m^2	工程量	50.44

清单综合单价组成明细

定额编号	定额名称	定额单位	数量	单价/元				合价/元			
				人工费	材料费	机械费	管理费和利润	人工费	材料费	机械费	管理费和利润
B2-1	水泥砂浆墙面	$100m^2$	0.5044	2501.80	495.96	62.14	—	1261.91	250.16	31.34	239.76
B5-187	仿瓷涂料墙面	$100m^2$	0.5044	1330	341.60		—	670.85	172.30		127.46
小计/元								1932.76	422.46	31.34	367.22
清单项目综合单价/元								54.6			

（4）天棚抹灰

① 根据《工程量计算规范》中天棚抹灰的项目特征和工作内容可知，其组价内容包括混合砂浆天棚和刷涂料天棚两个定额分项。

② 根据天棚抹灰的计价工程量计算规则，这两个计价工程量与清单工程量相同，都为 $18.54m^2$。

③ 某省与水泥砂浆天棚相关的最新预算定额如表 9-29 所示。由建设工程费用定额可知，装饰工程管理费和利润的计费基础是定额人工费，费率分别为 9.12% 和 9.88%。

表 9-29　天棚抹灰组价定额子目表　　　　　　　　　　　　$100m^2$

定额编号		B3-4	B5-188
项目		水泥砂浆	仿瓷涂料
		混凝土面天棚	天棚面
		预制	三遍
		（5+3）mm	
	预算价格/元	2493.73	2004.80
其中	人工费/元	2174.20	1663.20
	材料费/元	292.90	341.60
	机械费/元	26.63	

温馨提示：根据已知条件，混合砂浆天棚和仿瓷涂料天棚的条件与定额一致，所以不需要调整换算，直接套用。

混合砂浆天棚的综合单价分析如表 9-30 所示。

表 9-30　混合砂浆天棚工程量清单综合单价分析表

项目编码	011301001001			项目名称		混合砂浆天棚		计量单位	m²	工程量	18.54
清单综合单价组成明细											
定额编号	定额名称	定额单位	数量	单价/元				合价/元			
				人工费	材料费	机械费	管理费和利润	人工费	材料费	机械费	管理费和利润
B3-4	混合砂浆天棚	100m²	0.1854	2174.20	292.90	26.63	—	403.1	54.30	4.94	76.59
B5-188	仿瓷涂料天棚	100m²	0.1854	1663.20	341.60		—	308.36	63.33		58.59
小计/元								711.46	117.63	4.94	135.18
清单项目综合单价/元								52.28			

本章小结

本章介绍了楼地面装饰工程，墙、柱面装饰工程，天棚工程，门窗工程和油漆、涂料工程中的基本概念，以及《房屋建筑与装饰工程工程量计算规范》（GB 50854—2013）对楼地面装饰工程，墙、柱面装饰工程，天棚工程，门窗工程和油漆、涂料工程的相关解释说明，重点讲述了楼地面装饰工程，墙、柱面装饰工程，天棚工程，门窗工程和油漆、涂料工程中的主要清单分项的清单工程量的计算规则、招标工程量清单的编制及相应的工程量清单计价。在学习过程中应熟练掌握楼楼地面装饰工程，墙、柱面装饰工程，天棚工程，门窗工程和油漆、涂料工程的清单工程量计量与工程量清单计价。

本章思考题

（1）楼地面装饰工程包含哪些清单分项？

（2）墙面装饰工程包含哪些清单分项？

（3）天棚工程包含哪些清单分项？

（4）墙面抹灰和柱、梁面抹灰的清单工程量和计价工程量计算规则。

（5）门窗工程的主要清单分项有哪些，有什么特点。

（6）简述油漆、涂料工程的清单工程量计算规则。

实训作业

完成案例工程的装饰装修工程的清单工程量和计价工程量的计算。

第十章 措施项目计量与计价

 问题导入

　　措施项目包括哪两类？单价措施项目主要包含哪些清单分项？如何根据《房屋建筑与装饰工程工程量计算规范》（GB 50854—2013）和各地区的预算定额对单价措施项目进行清单工程量计量与工程量清单计价？

 本章内容框架

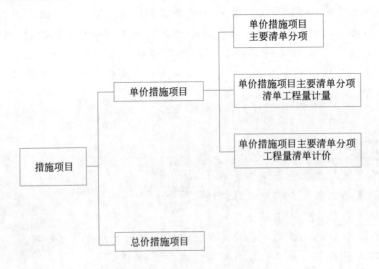

 学习目标

　　(1) 掌握措施项目的分类；

　　(2) 掌握《房屋建筑与装饰工程工程量计算规范》（GB 50854—2013）中的单价措施项目主要清单分项的清单工程量计算规则及其招标工程量清单的编制；

　　(3) 掌握单价措施项目的工程量清单计价。

第一节　概　述

一、措施项目的种类

措施项目一般包括两大类：一类是单价措施项目，即可以计算工程量的项目，如脚手架、混凝土模板及支架、垂直运输、超高施工增加、大型机械设备进出场及安拆和施工降水排水；另一类是总价措施项目，即不能计算工程量的项目，如安全文明施工、夜间施工、非夜间施工照明、二次搬运、冬雨季施工、地上和地下设施、建筑物的临时保护设施及已完工程及设备保护。本章主要介绍可以计算工程量的单价措施项目的计量与计价。

二、措施项目的工程清单分项

《房屋建筑与装饰工程工程量计算规范》（GB 50854—2013）中单价措施项目主要包括脚手架工程，混凝土模板及支架，垂直运输，超高施工增加，大型机械设备进出场及安拆，施工排水及降水等，其中混凝土模板及支架在钢筋混凝土中已经详细介绍，因此本章不再介绍，其他单价措施项目的主要工程量清单项目如表 10-1～表 10-5 所示。

表 10-1　脚手架工程（编号：011701）

项目编码	项目名称	项目特征	计量单位	工程量计算规则	工作内容
011701001	综合脚手架	（1）建筑结构形式； （2）檐口高度	m²	按建筑面积计算	（1）场内、场外材料搬运； （2）搭、拆脚手架、斜道、上料平台； （3）安全网的铺设； （4）选择附墙点与主体连接； （5）测试电动装置、安全锁等； （6）拆除脚手架后材料的堆放
011701002	外脚手架	（1）搭设方式； （2）搭设高度； （3）脚手架材质		按服务对象的垂直投影面积计算	（1）场内、场外材料搬运； （2）搭、拆脚手架、斜道、上料平台； （3）安全网的铺设； （4）拆除脚手架后材料的堆放
011701003	里脚手架				
011701006	满堂脚手架			按搭设的水平投影面积计算	

表 10-2　垂直运输（编号：011703）

项目编码	项目名称	项目特征	计量单位	工程量计算规则	工作内容
011703001	垂直运输	（1）建筑物建筑类型及结构形式； （2）地下室建筑面积； （3）建筑物檐口高度、层数	（1）m² （2）d	（1）按建筑面积计算； （2）按施工工期日历天数计算	（1）垂直运输机械的固定装置、基础制作、安装； （2）行走式垂直运输机械轨道的铺设、拆除、摊销

表 10-3　超高施工增加（编号：011704）

项目编码	项目名称	项目特征	计量单位	工程量计算规则	工作内容
011704001	超高施工增加	（1）建筑物建筑类型及结构形式； （2）建筑物檐口高度、层数； （3）单层建筑物檐口超过20m，多层建筑物超过6层部分的建筑面积	m²	按建筑物超高部分的建筑面积计算	（1）建筑物超高引起的人工工效降低以及由于人工工效降低引起的机械降效； （2）高层施工用水加压水泵的安装、拆除及工作台班； （3）通信联络设备的使用及摊销

表 10-4　大型机械设备进出场及安拆（编号：011705）

项目编码	项目名称	项目特征	计量单位	工程量计算规则	工作内容
011705001	大型机械设备进出场及安拆	（1）机械设备的名称； （2）机械设备的规格型号	台次	按使用机械设备的数量计算	（1）安拆费包括施工机械、设备在现场进行安装拆卸所需人工、材料、机械和试运转费用以及机械辅助设施的折旧、搭设、拆除等费用； （2）进出场费包括施工机械、设备整体或分体自停放地点运至施工现场或由一施工地点运至另一施工地点所发生的运输、装卸、辅助材料等费用

表 10-5　施工排水、降水（编号：011705）

项目编码	项目名称	项目特征	计量单位	工程量计算规则	工作内容
011706001	成井	（1）成井方式； （2）地层情况； （3）成井直径； （4）井管类型、直径	m	按设计图示尺寸以钻孔深度计算	（1）准备钻孔机械、埋设护筒、钻机就位；泥浆制作、固壁；成孔、出渣、清孔等； （2）对接上、下井管（滤管），焊接，安放，下滤料，洗井，连接试抽等
011706002	排水、降水	（1）机械规格型号； （2）降排水管规格	昼夜	按排、降水日历天数计算	（1）管道安装、拆除，场内搬运等； （2）抽水、值班、降水设备维修等

第二节　措施项目清单工程量计量

一、脚手架清单工程量的计算规则

脚手架

根据表 10-1 可知，各种脚手架的清单工程量计算规则如下：

（1）综合脚手架，按建筑面积计算。

（2）里脚手架和外脚手架，均按所服务对象的垂直投影面积计算。

（3）满堂脚手架，按搭设的水平投影面积计算。

温馨提示：

（1）使用综合脚手架时，不再使用外脚手架、里脚手架等单项脚手架；综合脚手架适用于能够按"建筑面积计算规则"计算建筑面积的建筑工程脚手架，不适用于房屋加层、构筑物及附属工程脚手架。

（2）同一建筑物有不同檐高时，按建筑物竖向切面分别按不同檐高编列清单项目。

二、垂直运输清单工程量计算规则

根据表 10-2 可知，垂直运输的工程量计算规则有两种：

（1）按建筑物的建筑面积计算；

（2）按施工工期日历天数计算。

垂直运输

温馨提示：（1）突出主体建筑物屋顶的电梯机房、楼梯出口间、水箱间、瞭望塔、排烟机房等不计入檐口高度。

（2）垂直运输机械指施工工程在合理工期内所需垂直运输机械。

（3）同一建筑物有不同檐高时，按建筑物的不同檐高做纵向分割，分别计算建筑面积，以不同檐高分别编码列项。

三、超高施工增加清单工程量计算规则

根据表 10-3 可知，超高施工增加的清单工程量按建筑物超高部分的建筑面积计算。

温馨提示：（1）单层建筑物檐口高度超过 20m，多层建筑物超过 6 层时，可按超高部分的建筑面积计算超高施工增加。计算层数时，地下室不计入层数。

（2）同一建筑物有不同檐高时，可按不同高度的建筑面积分别计算建筑面积，以不同檐高分别编码列项。

四、大型机械设备进出场及安拆

根据表 10-4 可知，大型机械设备进出场及安拆的清单工程量应按使用机械设备的数量以"台次"计算。

五、施工排水、降水

根据表 10-5 可知，施工排水、降水包括成井和排水、降水两个清单分项。

（1）成井的清单工程量应按设计图示尺寸以钻孔深度计算。

（2）排水、降水的清单工程量按排、降水日历天数以昼夜计算。

第三节 措施项目工程量清单计价

一、脚手架工程量清单计价

（一）确定清单分项的组价内容

根据表 10-1 各类脚手架的工作内容可知，各类脚手架清单分项组价的内容只包括各类脚手架清单主项一个定额分项。

(二) 组价内容的计价工程量计算规则

某省建筑工程预算定额规定：

(1) 里脚手架按墙面垂直投影面积以平方米计算。

(2) 外脚手架按外墙面外边线长度（含墙垛及附墙井道）乘以外墙面高度以"m^2"计算，不扣除门、窗、洞口、空圈等所占面积。

(3) 满堂脚手架按搭设的水平投影面积以平方米计算，不扣除垛、柱所占的面积。

温馨提示：(1) 预算定额里没有综合脚手架，都是按单项脚手架计算。

(2) 对于钢筋混凝土筏板基础、宽度大于 3m 的条形基础、底面积大于 20m 的设备基础或独立基础，按其基础底面积以平方米计算，执行满堂脚手架（基本层）项目乘以系数 0.5。

(3) 里脚手架、满堂脚手架高度在 3.3m 以内的为基本层，增加层的高度若在 0.6m 以内，按一个增加层乘以系数 0.5 计算；在 0.6m 以上至 1.2m，按增加一层计算，以此类推。里脚手架如超过 3.3m，先按全高面积执行基本层项目，超过部分面积另套增加层项目。

二、垂直运输工程量清单计价

(一) 确定清单分项的组价内容

根据表 10-2 垂直运输的工作内容可知，垂直运输的清单分项组价的内容只包括垂直运输清单主项一个定额分项。

(二) 组价内容的计价工程量计算规则

某省建筑工程预算定额规定，建筑物垂直运输的计价工程量计算规则为：区分不同建筑物的结构类型及檐高，以砌筑工程、钢筋混凝土工程、金属结构工程、木结构工程、屋面及防水工程、保温隔热工程的定额工料机为计费基础进行计算。

温馨提示：檐高 3.3m 以内的单层建筑，不计算垂直运输。

三、超高施工增加工程量清单计价

(一) 确定清单分项的组价内容

根据表 10-3 超高施工增加的工作内容可知：超高施工增加的清单分项组价的内容只包括超高施工增加清单主项一个定额分项。

(二) 组价内容的计价工程量计算规则

某省建筑工程预算定额规定：

超高施工增加的计价工程量计算规则与建筑物垂直运输的计价工程量计算规则相同，区分不同建筑物的结构类型及檐高，以砌筑工程、钢筋混凝土工程、金属结构工程、木结构工程、屋面及防水工程、保温隔热工程的定额工料机为计费基础进行计算。

四、施工排水、降水工程量清单计价

(一) 确定清单分项的组价内容

根据表 10-5 超高施工增加的工作内容可知：成井清单分项组价的内容只包括成井清单主项一个定额分项。降水清单分项组价的内容包括井管安装、拆除及井点降水使用台班三个定额分项。泵类排水清单分项组价的内容只包括泵类排水一个定额分项。

（二）组价内容的计价工程量计算规则

某省建筑工程预算定额规定：

（1）井点降水区别轻型井点、喷射井点，按不同井管深度的井管安装、拆除，以"根"为单位计算，井点降水使用台班按"套·天"计算。

井点套组成：轻型井点，50 根为一套；喷射井点，30 根为一套。

温馨提示：井管间距应根据地质条件和施工降水要求，依施工组织设计确定，施工组织设计没有规定时，可按轻型井点管距 0.8～1.6m，喷射井点管距 2～3m 确定。

（2）深井降水按抽水时间每口井每昼夜以"套·天"计算。

（3）无砂管安装按井位自然地坪至成井最深处以米计算。

（4）泵类排水区分不同出水口径按每台泵每昼夜以"套·天"计算。

【例 10-1】　某剪力墙结构住宅楼，无地下室，地上 6 层，建筑面积为 3600m^2。试计算其脚手架、垂直运输和超高施工增加的清单工程量，并编制工程量清单。

【解】　根据单价措施项目相应的清单工程量计算规则，

（1）综合脚手架的清单工程量：3600m^2。

温馨提示：综合脚手架适用于能够按"建筑面积计算规则"计算建筑面积的建筑工程脚手架。

脚手架招标工程量清单如表 10-6 所示。

表 10-6　脚手架招标工程量清单表

序号	项目编码	项目名称	项目特征描述	计量单位	工程量
1	011701001001	综合脚手架	（1）建筑结构形式：剪力墙； （2）檐口高度：15.2m	m^2	3600

（2）垂直运输清单工程量：与其建筑面积相同：3600m^2。

垂直运输招标工程量清单如表 10-7 所示。

表 10-7　垂直运输招标工程量清单表

序号	项目编码	项目名称	项目特征描述	计量单位	工程量
1	011703001001	垂直运输	（1）建筑物建筑类型及结构形式：住宅，剪力墙； （2）地下室建筑面积：0； （3）建筑物檐口高度、层数：18m，6 层	m^2	3600

（3）超高施工增加清单工程量：由于该剪力墙住宅楼为 6 层，没有超过 6 层，所以，根据超高施工增加的清单工程量计算规则，其清单工程量为 0。

本章小结

本章根据《房屋建筑与装饰工程工程量计算规范》（GB 50854—2013）介绍了单价措施项目的主要清单分项的清单工程量的计算规则、招标工程量清单的编制及相应的工程量清单计价。在学习过程中应熟练掌握单价措施项目的清单工程量计量与工程量清单计价。

本章思考题

(1) 措施项目分为哪两类?

(2) 单价措施项目包括哪些清单分项?

(3) 简述《房屋建筑与装饰工程工程量计算规范》(GB 50854—2013) 中所规定的单价措施项目清单工程量计算规则。

(4) 请分别简述单价措施项目的组价内容和相应的计价工程量计算规则。

实训作业

完成案例工程的单价措施项目的清单工程量和计价工程量的计算。

参考文献

[1] GB 50500—2013. 建设工程工程量清单计价规范.

[2] GB 50854—2013. 房屋建筑与装饰工程工程量计算规范.

[3] GB/T 50353—2013. 建筑工程建筑面积计算规范.

[4] 刘富勤，程瑶. 建筑工程概预算. 3 版. 武汉：武汉理工大学出版社，2018.

[5] 覃亚伟，吴贤国，张立茂. 建筑工程概预算. 3 版. 北京：中国建筑工业出版社，2017.

[6] 山西省工程建设标准定额站. 建筑工程预算定额. 太原：山西科学技术出版社，2018.

[7] 山西省工程建设标准定额站. 装饰工程预算定额. 太原：山西科学技术出版社，2018.

[8] 山西省工程建设标准定额站. 建设工程费用定额. 太原：山西科学技术出版社，2018.